高职数学教学方法的创新研究

谭 杨◎著

吉林出版集团股份有限公司

图书在版编目（CIP）数据

高职数学教学方法的创新研究 / 谭杨著. — 长春：吉林出版集团股份有限公司，2023.4

ISBN 978-7-5731-3043-3

Ⅰ. ①高… Ⅱ. ①谭… Ⅲ. ①高等数学－教学改革－研究－高等职业教育 Ⅳ. ①O13

中国国家版本馆 CIP 数据核字（2023）第 045708 号

高职数学教学方法的创新研究

GAOZHI SHUXUE JIAOXUE FANGFA DE CHUANGXIN YANJIU

著　　者	谭　杨	
责任编辑	王　平	
封面设计	林　吉	
开　　本	787mm×1092mm　　1/16	
字　　数	222 千	
印　　张	10	
版　　次	2023 年 4 月第 1 版	
印　　次	2023 年 4 月第 1 次印刷	
出版发行	吉林出版集团股份有限公司	
电　　话	总编办：010-63109269	
	发行部：010-63109269	
印　　刷	廊坊市广阳区九洲印刷厂	

ISBN 978-7-5731-3043-3　　　　　　　　　　定价：78.00 元

前　言

　　数学作为高职院校的基础课程，是高职院校教学的重要组成部分，对于学生思维能力、数学能力的提升以及专业课程的学习具有至关重要的作用。但是传统的高职数学的教学方法已经无法满足高职教育以及社会对学生数学素养的需求，高职数学教学方法的改革势在必行。本书在明确高职数学教学方法探究的必要性的基础上，从学生数学学习兴趣的激发、重视教学过程的趣味性、教学内容与教学方法的三方面有机结合探究高职数学教学方法，旨在提高学生的学习兴趣和教学质量。

　　高职数学课程培养高等技术应用型人才具有重要作用，在高职教学体系中的重要性不言而喻。其教学质量好坏不仅影响其他专业课程的学习，而且直接影响着技术应用型人才的未来发展。因此对于高职数学教学方法的探究，提高高职数学教学质量，满足我国高等技术应用型人才培养需求非常具有必要性。

　　数学课程虽然是高职教学中的基础环节，但是其教学质量不仅关系着学生综合素养的高低，而且关系着整个高职教学质量的好坏。那么对目前高职院校数学教学的现状和所面临的问题，探索有效的高职数学教学，提升高职数学教学质量，促进学生的思维创新能力势在必行。尽管对于高职数学教学方法的探究和改革目前仍然是一个不断尝试、修改、完善的过程。但是，经过坚持不懈，终能构建完善的教学体系，使教学方法高效、教学质量高等，以适应社会发展和高职教育发展需求。

　　为了提升本书的学术性与严谨性，在撰写过程中，笔者参阅了大量的文献资料，引用了诸多专家学者的研究成果，在此一并表示最诚挚的感谢。由于时间仓促，加之笔者水平有限，在撰写过程中难免出现不足的地方，希望各位读者不吝赐教，提出宝贵的意见，以便笔者在今后的学习中加以改进。

谭杨

2022 年 12 月

目　录

第一章　高职院校数学课程基本功能的探讨与研究

第一节　高职数学课程教学改革方向研究

高等职业院校作为高等院校中的重要组成部分，可以为国家、社会培养高素质的劳动者和技能型人才，尤其是高级技能型人才。高等职业教育的核心任务是培养高职学生的实践能力，培养其创新精神。高等职业教育的属性及其培养目标，决定了高职数学的基础性地位。高职数学为专业课程服务，从而达到高职教育的培养目标，使学生具有解决实际问题、可持续发展的能力。高职数学课程主要具有三大作用：工具作用、提高学生职业能力的作用、培养学生职业素养的作用。在高等职业教育舞台上，新知识、新技术不断更新交替，对高职学生的能力要求也随之变换，对于高职数学来说，在教育目标、课程内容和教学模式、监督评价等多方面都应有新的要求。

一、核心概念及基础

基于国家产业结构调整，对技能型人才的需求不断增大，高职教育作为高等教育的重要组成部分，越来越受到各方面的关注与支持。当前我国要大力发展职业教育，对高职教育的教学质量和培育人才的水平提出了新要求。而高等职业院校中，数学教学活动的有效实施、学生数学素养的养成，逐渐成为亟待解决的问题。

（一）高等职业教育

"高等职业教育"这一概念具有中国特色，追踪溯源，约为 20 世纪 80 年代初兴起的短期职业大学，是高等以及职业教育二者的结合，是在中国特定环境下产生的，具有特色的教育类型。与一般本科有区别，高等职业教育是高级阶段的职业教育。

"高等职业教育"是"高等"与"职业教育"两个概念的结合。结合的结果导致三种理解：第一种将它归入"高等教育"范畴，认为高等职业教育是高等教育中具有较强职业性和应用性的一种特定的教育。第二种认为它只是"职业教育"范畴中处于高层次的那一部分，并不属于高等教育，从而将"高等教育"与"职业教育"视为两个并列、互不交叠的教育范畴。第三种则把它泛化地理解为凡是培养处于较高层次的职业技术人才（不管其属何种系列）的教育，都属于高等职业教育。

高职教育包含四方面的核心内涵，分别是：教育对象、培养目标、学习年限、授予学历。高职教育的招生对象以高中学生、职高学生、中职毕业生为主。教育基础应考虑两大方面的因素：文化理论基础和职业实践基础。在上述四方面的核心内涵中，关键是培养目标。某一类型教育的培养目标必须与社会人才结构体系中的某一系列和层次的人才相对应，也就是说，应该与某一特定区域相对应，不能与若干间断、不连续的区域相对应。否则，不仅不符合国际教育标准分类，更重要的是难以明确地表述高等职业教育的地位和作用，最终必然导致对高等职业教育概念理解的混乱。由此可见，要想严格界定高等职业教育的概念，除了必须采用一种较为公认的来自教育内容的分类标准外，还必须采用一种较为公认的来自教育外部的人才结构及分类理论，以与高等职业教育的培养目标相互对应。高职学制一般为全日制三年，高职授予学历一般为专科学历。

（二）高职数学

数学是研究数量、结构、变化、空间以及信息等概念的一门学科，从某种角度看属于形式科学的一种。而在人类历史发展和社会生活中，数学也发挥着不可替代的作用，也是学习和研究现代科学技术必不可少的基本工具。数学，源自古希腊语，有学习、学问、科学之意。古希腊学者视其为哲学之起点、"学问的基础"。另外，还有个较狭隘且技术性的意义——数学研究。在中国古代，数学称作算术，又称算学，后来才改为数学。中国古代的算术是六艺之一。

数学起源于人类早期的生产活动，古巴比伦人从远古时代开始已经积累了一定的数学知识，并能应用于实际问题。基础数学的知识与运用是个人与团体生活中不可或缺的一部分。数学被应用在很多不同的领域，包括科学、工程、医学和经济学等。数学在这些领域的应用一般被称为应用数学，有时会有新的数学发现，并促成全新数学学科的发展。数学家也研究纯数学，也就是数学本身，而不以任何实际应用为目标。虽然有许多工作以研究纯数学为开端，但之后也许会发现适合的应用。具体的，有用来探索由数学核心至其他领域之间联结的子领域：由逻辑、集合论（数学基础）至不同科学经验上的数学（应用数学），以较近代对于不确定性的研究（混沌、模糊数学）。就纵度而言，在数学各自领域上的探索也越发深入。

对于高职数学来说，结合高等职业教育这一特点，制定适合的数学教学目标，完成当前高职数学教学改革的目标任务。高职数学具有工具性，为专业课提供保障；公共基础性，提高学生的职业能力、职业素养，为后继学习和职业发展服务；文化基础性，为实现学生全面、可持续发展、不可或缺的素质教育打基础。高职数学培养学生观察问题、解决问题的能力，注重数学思想、数学方法的应用，提高学生的数学素养。如果知识背后没有方法，知识只能是一种沉重的负担；如果方法背后没有思想，方法只不过是一种笨拙的工具。高等数学是每位高职学生都应该掌握的一门学科，不论学生是学习文科还是学习理科。因为数学是一门古老、重要的自然学科。建立在初等数学基础之上的高等数学，结构严谨，对于学生的逻辑思维能力、运算能力都有较高的要求，是高职学生必备的基础学科。学好数学，可为其他学科的学习打下坚实的基础。高等数学是解决其他相关问题的良好工具，具有为学生终身学习、专业学习进行服务的功能，内容以极限、微积分、空间解析几何与向量代数、级数、常微分方程为主。

二、高职数学教学模式改革

数学教育家张奠宙曾说过："数学教学模式作为教学模式在学科教学中的具体存在形式，是在一定的数学教育思想指导下，以实践为基础形成的。"[①] 教学模式并不是一成不变的，应该是有针对性的，深化教学改革，必须在教学模式上进行改革，以适应高职数学教学的要求。针对这种基本情况，可以实施分层教学的改革与分专业模块的教学改革。

（一）分层教学

高职院校招生方式不同，学生数学成绩差异较大，有统招学生、单招学生。统招学生又分为文科学生、理科学生，他们入学的数学成绩差距就较大，数学基础参差不齐。再加上对数学的学习兴趣、学习态度、习惯养成、学习的方式方法等多方面的差异，使学生的数学水平呈现不同层次。分层教学则把水平相近的学生分到同一层次，学生接受程度近似，个体差异化相对减小，有益于学生自信心与数学学习兴趣的培养，也有利于课堂效率的提高，使教师达到教书育人的目标。

分层教学就是教师根据学生现有的知识、能力水平和潜力倾向把学生科学地分成几组水平相近的群体并区别对待，这些群体在教师恰当的分层策略和相互作用中得到最好的发展和提高。分层教学又称分组教学、能力分组，是将学生按照智力测验分数和学业成绩分成不同水平的班组，教师根据不同班组的实际水平进行教学。所谓的分层教学，简单来说就是因材施教，根据不同学生的功底、理解能力等将不同水平的学生划入不同的班级，班级中的授课内容是大体相同的，但是教师的讲授方法不同，目的都是达到良好的教学效果。分层教学的目的：第一，采用分层教学的改革策略，激发学生学习数学的潜力和积极性，推动数学课程教学质量的提升。第二，在分层教学过程中，激发学生因为数学而产生的感性力量，为学生创造正能量。

作为一种职业教育的高职教育，教学目标是给社会培养实用技术型人才，不同专

---

① 张奠宙．中国数学双基教学 [M]．上海：上海教育出版社，2006．

业的学生对数学的需求也各不相同。采取因材施教、区分个体差异的教学方法，分层教学是很好的一种教学策略。针对分层教学，学校可以根据学生的个体化差异采取快慢班的配置，也赋予学生选择的权利，不同层次提供不同的教学活动环境，从而达到补差和培养共同进行的目的。分层教学的改革，既能满足不同专业学生对数学的需求，也符合高职教育的特点。

教学目标分层：对于不同层次的学生，在学习的同一时间段的目标要求也应该是不一样的，该教学方案采用学生自愿与考核相结合的形式。学生自愿原则是为了充分尊重学生的选择权，而考核则要在一定目标要求下督促学生学习，可以将其分为 A、B、C 三个层次。A 层教学班均由数学功底好、对数学有强烈兴趣、有较强的数学素质和数学综合能力的学生构成。B 层教学班内学生为那些有一定学习兴趣和数学功底、有一定的数学素质和数学综合能力的学生。C 层教学班由缺乏学习兴趣、数学功底较差、单招学生等学生构成，班内学生普遍有厌学情绪，对数学学习缺乏兴趣，学习数学很困难。对于这三个层次的目标定位是：A 层教学班的学生能熟练并深化教学大纲的内容，能综合运用数学知识，注重提高数学能力和思维品质，培养学生的自学能力与求知欲。B 层教学班达到教学大纲中的全部教学要求，着眼于发现实践问题并与他人讨论解决实践问题的能力，保持学习的热情。C 层教学班达到教学大纲的基本教学要求，减少对数学的恐惧，肯做笔记肯努力，制定阶段性小目标，逐步树立学生自信心。

考核和评分方式分层：为使各个分层班级的学生都能够达到相应的教学目标，让每位学生都能在数学中找到乐趣，考核评估各个分层是必不可少的。A 层教学班的学生求知欲望强烈，对数学知识的吸收能力较强，对学习深造有更高的追求。这一层次的考卷难度应该最大，能体现数学知识的系统性，又要满足 A 层学生的专接本要求，成功搭建专升本的桥梁。B 层教学班的学生对数学的学习有一定自信心，考卷难度设置做到普通，对知识面的考查应全面，但是整体程度不深。C 层教学班的难度应该最低，要对知识点有最基本的考查，满足学生的心理诉求。三层试卷的整体要求是针对各层学生的水平，要求大多数学生能对数学课程内容做到理解与掌握，保证一定的考试及格率，保证学生平时成绩与最终考核成绩相结合，做到"以最终考试为主，期中考试成绩与平时成绩为辅"。

（二）模块化教学

模块化教学是 20 世纪 70 年代被研究出来的一种教学模式，主要以现场教学为主，技能培训为辅。当前我国的模块教学被数学教学采用的还较为罕见，主要是被高职的专业课教学采用。模块化教学的特征主要由以下几点构成：模块内容宜精不宜多，每个模块内容的学习，按需施教；模块之间需要相互独立，注重实践需要；模块要跟岗位需求紧密结合，少些理论证明，多些实用性。模块化教学实施过程中应该包含的几大原则：职业需要、专业需要、发展需要、素质需要。依据专业需求对高职数学教学模块进行划分，课程模块主要分三块：基础模块、选修模块与数学文化模块。基础模块，顾名思义注重数学基础知识学习，包括先修模块和一元函数微积分，其中先修模块为函数与极限，一元函数微积分包括一元函数的导数、微分、不定积分、定积分；选修模块则是针对不同专业进行的合理配置，包括多元函数微分学、概率论与线性代数；数学文化模块则是重在素质教育，提升学生的数学素养，模块数学史和数学文化涉及两部分内容。数学文化模块可提高学生对数学学习的兴趣，追踪溯源，可由此开展数学活动，体会数学知识的来源与应用。

　　基础模块中的一元函数微分学，是高职数学教学中的关键知识点，对于所有高职学生来讲都是必修课程。对于这部分内容，教师应该深入讲解，务必使学生深刻理解，其目的是使学生把握基本的数学常识和数学思维，可以更有效地助力于后续数学课程的学习，可以更好地在专业领域解决问题。而选修模块则是融合了数学基础教育与专业基础教育的结果，让不同专业的学生满足不同专业的数学需要，兼顾数学的基础性和专业实践性的特点。

　　在模块化教学实施过程中，数学基础课程的教师备课显得更加具体，与各专业的融合将更加紧密。不同专业的数学基础课教师将与专业课教师进行有效沟通，专业课的知识将会指导数学课程中应该出现哪些，在课时的什么阶段出现。这种指导将会在不影响基础数学教师教学系统性的基础上，给予基础数学课程良好的借鉴作用，教师可以针对相关专业知识进行教案的修改，增加些许案例和分析，从而将基础与实践专业有机地结合在一起。

三、教学内容专业化与有效性

（一）根据专业需求调整教学内容

　　以专业课、后继课作为起点，了解学生毕业后继续深造、岗位需求，认真钻研数学内容，适当进行调整。如会计专业，对于既满足供应需求，又使成本最小问题需要精讲，增加相关内容；对于极限求值的方法略讲。空间图形对于机械类专业来说，培养学生的空间思维能力，通过点、线、面之间的位置关系，构成立体空间，这部分内容可以前置，为机械绘图打下基础；机械类专业基础离不开不定积分与定积分的应用，积分内容应作为重点讲解内容；机械类专业工艺涉及的误差问题，应用到较少部分的概率统计，可把概率统计从此部分中摘出选讲。

（二）根据专业特点选取合适的数学例题

　　好的例题可以让学生更加直观地了解数学，了解数学在各专业的用途，将抽象的数学知识直观化。而不当的例题对学生起不到足够的指导与影响，无法加深数学对于专业课程的渗入。诸如，给会计电算化的学生讲述太多的几何知识，只会让会计电算化学科的学生茫然；而让学习机械自动化的学生学习较多经济方向的例题，则会让学生不觉得基础数学与该专业有什么联系。选择适当的、符合专业需求的例题，指导学生数学与专业深入结合。

（三）教学手段的合理化运用

20世纪美国数学家克莱因认为教师应该像一名演员一样，把学生当作互动观众，教师应该具备良好的语言与肢体的表现能力，富有教学的艺术性，从而可以有效地激发学生的学习兴趣，达到良好的教学效果。[①] 如数学史的引入，数学文化的渗透。学生学习数学时，感觉数学符号的运算以及数学整体思维的构建较难。数学的历史进程，不仅对学生，甚至可能对于教师来讲都是不熟悉的。数学史是整个数学发展的脉络，学生学习之后会有种身临其境的感受，拉近自身与数学的距离。很多学生都知道牛顿是物理学家，但不知道牛顿还是位数学家，教师在微积分授课的时候，可以引入牛顿与莱布尼茨的关系、百年数学大战、牛顿与莱布尼茨个人生活小爆料，学生会对牛顿 –莱布尼茨公式更加感兴趣，产生共鸣的现象。不同的数学小故事还可以让学生学习到正确的价值观和人生观，比如，苹果落地的故事可以让学生明白心思缜密、注意观察生活的重要性；微积分公式发现的故事可以让学生认识到沟通与合作的重要意义。

四、考核评价的综合化

随着信息时代科学发展对高职教育的影响，之前的高职院校考核体系显得有些陈旧。原有评价体系就是简单的期末考试成绩与平时成绩、期中成绩相结合的方式，各占一定的百分比，平时成绩考核方面相对较窄，不外乎出勤与纪律、作业，对于听课状态、课堂具体表现、学习主动性涉及较少。高效的考核评价体系是推动学生学习积极性与数学教学发展的利器，只用简单、陈旧的考核方式是无法达到预期效果的。考核评价是一种方式与手段，目的是促进学生学习成果的达成。考核评价的方法不能只体现在期末考试的成绩和平时的出勤率上，应该将平时学生的实践与各种考评融合到考核方式中来。考核评价方式既要注重学生对知识的掌握，又要注重学生综合素养的培养。

（一）学习过程的监督评价

为使教学质量得到保证，达成教学改革的目的，合理的监督评价是必要的，也是必需的。定期监督评价可促使学生养成良好的学习习惯，找到自身不足，达到学习进步的目的，平时成绩考核以此作为借鉴。学生定期监督评价的内容主要包括三点：动机方面、学习态度、学习意志自评。

---

① 莫里斯·克莱因. 古今数学思想（英文版）第3册 [M]. 上海：上海科学技术出版社，2014.

通过监督评价策略的实施，教师可以对学生进行定期评价，作为一种有效的方式方法，教师能够在三方面对学生进行正确评价。监督与评价不是为了奖惩，也不是为了给学生增加压力，而是从根本上关心学生的学习动态和情绪、情感的变化，以便教师及时发现、及时引导，让学生退步的方面及时得到关注、帮助，学生进步的方面及时得到肯定，保证学生对学习的积极性。

（二）考核方式的多样化

为了让学生注重学习的过程，使考核方式多样化，针对高职院校的考核评价方式做了一些改革决策。对于期中考试，可让学生在生活、实践或专业中发现数学问题，以自主结组的形式，通过多渠道收集调研资料，各抒己见，经历探索过程。对于院校来讲，数学实验的考查方式有一定难度，在期末考试集中、时间紧迫、电脑数量不充裕的情况下，大量学生扎堆考试，所以数学实验的考核可以在学期的中后期进行，和期末考试错开时间。另外，教师在学期中可以采取大作业的形式，布置一些题目供学生自由发挥，比如，专业中微积分的应用、求最值的实例分析、案例的数学建模探索等。学生在网络、图书馆中搜索相关数据与信息，融入自己的观点，形成一篇小型论文。这样的形式可以让学生充分发挥自主性，为以后步入工作岗位打下坚实的基础。

五、师资队伍的内涵化

高职院校的数学课程与其他院校有一定的区别，其主要是公共基础课。同一位数学教师可能担任不同专业的数学课，教师又是知识的传递者，要给学生一杯水，自己首先要拥有一桶水，还要使授课达到"教师乐教，学生乐学"的状态。教师在教学过程中，要充分体现数学的基础性、为专业课程的服务性，要将专业课程与数学课程紧密结合，尤其在具体的案例教学上。

（一）外派学习

让教师从自己的院校走出去，参加培训或学习，开阔视野，了解数学新动态，与其他区域数学教师、带头人交流学习，借此机会解决在教学实践中遇到的难题、产生的困惑，汲取新鲜的营养成分，激发快乐进取的源泉，保持发展心态。观摩其他区域高职院校建设，共同研究专题，以国家化、国际化的眼光教书育人，提升人生价值与数学教师的地位，从而带动学生与他人发展。

（二）对数学教师现代化教学的培训

互联网时代，校园角落都遍布网络信息化的踪迹，现代化教育技术已经步入数学教学中，一味地传统式教学难以引发学生的学习兴趣。教师借助前沿信息与技术，把数学知识与科技密切相连，并用信息化手段展示出来，使抽象的思维形象化、具体化、生动化地展现在学生面前。同时，运用数学软件，简化教学过程也是数学教师的必备技能。

（三）数学教师分派至专业教研室

将数学教师分派至相关专业群，了解专业的发展和实践需求，将数学课程与专业课程有机结合。数学教师定期开设与专业教师交流的座谈会，进行有效沟通，甚至融入专业群的教研活动、实践活动。建立跨专业联系机制，数学教师可以进入本专业课的教学课堂，通过听课发现需求及发展动态，改善数学教学方式。了解高年级学生数学知识的薄弱环节，知晓哪些地方该详细讲解、重点讲解，哪些地方该略讲。数学教师备课不应只备数学，而应熟悉专业知识脉络，提前扫清学生可能遇到的障碍，专业课和数学基础课程才能很好地融合到一起，使得理论和实践有机结合，相得益彰。

另外，数学基础教学的教师被分配到专业领域，令专业课教师与数学教师的沟通和交流加深，也使得专业课教师对数学基础教育的理解加深，从思想根源上不再抵触基础数学，能将专业课程中的知识点与基础数学逐渐融合。每周设立讨论学习课，让专业课教师与数学基础教师在一起沟通交流，各抒己见，扬长避短，将教学中的亮点和不足分享出来，共同解决，达到互补的效果，共同促进各学科的建设和发展。

（四）加强教师科研能力

督促教师在一定的时间内发表论文，通过这种方式，可以极大程度地提高教师的学习意识。数学教师通过发表论文的方式进行学习，从而促进数学教师对某一数学问题的理解，有利于数学教师在教学过程中引用经典著作，从而激发学生对学习的兴趣，使学生对教师产生一种"崇拜"感，有利于拉近学生与教师之间的距离，为教师授课创造条件，使教师从课堂中走出来。

（五）建立沟通平台

教师应认识教学目标包括认知目标和情感目标。教师增进与学生的情感，在学生学习上感到困惑、生活上有困难时，及时地给予了解、关怀、帮助。了解学生学习、成长历史，掌握基本信息。多与学生聊天、沟通，通过微信、QQ在线平台及时掌握学生动态，做好心理建设，情感沟通，答疑解惑。

第二节　高职数学课程基本功能的分析与框架研究

在国家深入推进高等职业教育教学改革的同时，高等数学作为重要的基础课程面临着改革的必要性和必然性。高职数学的学科定位是高职院校培养适应各行业第一线生产与服务所需的高等技术应用型专门人才公共基础和专业工具课程，如何从高等职业教育的功能来思考高等数学课程的意义，是一个非常值得研究的问题。不解决这样的问题，片面理解职业教育对高等数学的要求为"适度、够用"，简单地通过缩减教学课时、删减教学内容来解决学生学不会用数学的问题，并不能从根本上改变高职院校的教育现状，提高培养目标的达成效果。因此，必须要不断补充和完善数学课程的基本功能。

一、高职数学课程基本功能的分析

高职数学课程基本功能之一是为基本职业技能提供基础能力上的源泉，包括计算能力、空间几何构图能力、逻辑思考能力以及所关联的精准化的职业技术能力，可以说是职业技能的工具性学科知识。高等数学课程更为重要的功能，是为现代技术人才提供现代职业发展必需的科学素养和能力，在科学技术发展日新月异的今天，没有任何学科可以离开数学，任何专业的发展和创新都需要具备一定数学素养的人才。高等职业教育不能只将数学作为工具，更应该考虑它的科学教育意义。

（一）高数课程设置情况

高等数学课程设置情况包括开课专业、教材选择、授课内容、课时要求、成绩评定标准等问题。以机械系与电气与信息工程系为例，授课内容如下：数、式、加减乘除、平方根、绝对值、集合及方程，三角函数、直线与二次曲线、参数方程以及机械系使用（集合、数、式及方程，三角函数与反三角函数，数列，直线与二次曲线，极坐标与参数方程，数学建模方法简介，电气与信息工程系使用）。

1. 函数

函数概念，函数的简单性质，基本初等函数，复合函数，初等函数，分段函数。

2. 极限与连续

数列极限，函数极限，极限的四则运算，函数的连续性与间断点。

3. 导数与微分

导数的几何意义，求导公式及运算法则，复合函数求导法，微分的计算。

4. 导数的应用

函数单调性，极值的判别，函数的最大值和最小值。

5. 不定积分

原函数，不定积分概念、性质，积分基本公式与直接积分法，第一换元积分法。

6. 定积分

定积分的概念及性质，微积分基本定理，定积分的直接积分法，第一换元积分法，定积分的几何应用。

7. 常微分方程

微分方程的概念，可分离变量微分方程，一阶线性常微分方程，几种简单的二阶常微分方程的解法，二阶常系数线性微分方程。

8. 空间解析几何

空间直角坐标关系概念，平面、柱面的方程及球面的方程。

9. 无穷级数

无穷级数的概念和性质，常数项级数的审敛法，幂级数，傅立叶级数。

（二）与专业融合的数学课程内容

高等数学的教学改革强调针对性和实用性。以往保守的思维方式和极弱的专业知识的结合性，导致只重视理论，在不同专业的高等数学的教学中针对性、实用性差。因此，高等数学教师要熟悉专业，也结合学校相关部门对高数老师做些相应的专业培训，使之真正成为符合现代高等数学教学理念的特色教师队伍。教材建设中增加了预备模块、基础模块和扩展模块，其中预备模块和基础模块在教学中用以掌握概念、强化应用、培养技能为重点，兼顾了不同专业后续课程教学对数学知识的要求，也是对后续教学和学生可持续性发展的一个恰到好处的基础支撑。基本职业技能的需要还体现在实际生活中，因此需要增加实际生活中的应用内容，体现出高等数学的实用性。

例如，现实生活中供人们乘坐的电梯，基本制作原理是利用我们高数课程中无穷级数的数学分支；铁轨的弯曲需要多大的弯度火车才可以不脱轨？这个需要用到导数的应用部分，曲率的知识点；导弹能相对准确地发射到目的地，主要是导弹头上安装了 CPU 监控器，可记录飞行模式，主要是利用线性代数的数学分支来完成的；公共汽车车门的高矮设计主要是概率论与数理统计的知识点来完成的；等等。如果将这样的问题纳入高等数学相关课程作为例题讲解，无疑会对学生产生很好的效果，让学生看到数学的巨大作用，相信学习数学是必要的。

这些例子牵扯的数学知识并不太多，但是，已经体现出高等数学的重要意义，对许多生产工艺的技术进步和革新，高等数学都起到了重要作用，这些例子反映在不同专业领域的问题中，如果细心收集会成为高等数学课程很好的辅助材料。

（三）职业技术人才的科学素养培养

职业教育侧重培养职业技能，但是高等职业教育不仅培养技术熟练的职业能手、企业产品的创新和开发、科学技术进步和发展，也是必须承担的任务。为达到这个目的，数学课程将设置哪些内容，是需要高职院校的课程改革认真思索的。

新教学大纲中的扩展模块主要是针对有余力的学生设置的，为选修模块；学生的余力是指能够较好地完成专业职能范畴的学习和训练，有较好的基本素质，可以继续学习接受更高层次的专业培养。这部分学生能够接受较系统和深刻的数学教育，并且可以通过学习达到能力上的飞越，他们有些会考上普通院校的研究生，成为专业领域的人才；有些入职后成为技术革新能手。

当前，高等数学在高职院校中的定位与新时期高职院校的教学对象参差不齐，不相适应。多层次、多种类的招生带来的是学生成绩的落差和能力水平的各异。整齐划一的教学计划实施起来会出现许多问题，有些学生学不会，有些学生感觉太简单。由于课程定位不够准确，学生对数学的意义不够了解。对毕业生的跟踪调查发现，学生在校期间数学课程的成绩，与就业后整体职业能力和素养呈正相关，尤其像机械制造业、船舶专业、计算机专业等，职业技能依赖数学能力水平更为明显。

对高等数学课程的教育功能重新认识，首先，应该将高等数学课程内容按照专业需求分成通识性基础知识、专业需要的工具性方法、科学能力和素养需要的思想性材料和科学方法论层面的材料等部分，认真分析每部分材料对不同专业在哪些方面有影响和作用，影响和作用是什么意义上的？是工具，是普遍适用的方法，还是思想性的材料以培养科学世界观和方法论？其次，在上述划分之下，每一部分按照知识的逻辑顺序由浅入深分成不同教学单元，应该讨论不同教学单元适用的教学对象。在各个专业教师参与的讨论中，逐步明确课程在不同专业中该如何应用授课的模式、讲授的深浅度、教育的目标。最后，再由对学生测评的依据将学习过程分成学习等级，选择合适的教学内容为各专业基础必须达到的标准，选择有现代科学价值的内容作为继续深化学习的课程材料，开展真正意义上的分专业、分层次的教学。

（四）高等数学教育基本功能的重新定位

高等数学基本功能的重新定位就是要通过教学目标、教学内容、教学方法的定位来完成。高等数学的作用是使学生在中学数学知识的基础上，进一步学习和掌握本课程的基础知识和基本技能，具有正确、熟练的基本运算能力，一定的逻辑思维能力，从而逐步提高运用数学方法分析问题和解决问题的能力，为学习其他各专业和以后进一步学习现代科学技术打下坚实的基础。

高职教育的目标是把学生培养成为具有一定理论知识和较强实践能力，面向基层，面向生产、服务和管理第一线职业岗位的实用型、技能型、创新型专门人才。我们培养的人才应该是聪明的劳动者，在这个培养过程中，高等数学的学习对培养学生的上述能力是其他学科所无法比拟的，高等数学的思想性与方法性对各类学生的发展均适用。所以，在教学中不仅要使学生掌握数学这一工具性知识，更要让大部分学生把握数学特有的思想方法。

高职院校高等数学的教学内容以往定位为以"必需、够用"为原则，对于专业课用得上的知识则精讲精练，而对于暂时用不上的东西则不提不讲。数学是一门逻辑性很强的学科，在教学内容的选择上，既要兼顾各专业的特点和需求，适当取舍，也要体现数学知识的系统性和连贯性。因为正是这种系统性和连贯性提供了一般学科领域研究的正确方式，示范了科学发展的一般规律和认识论的基本框架。

二、高职数学课程存在的主要问题

（一）定位不明确导致对课程重视不够

高职数学的地位一直以来颇受争论，地位的不明确导致管理者的重视程度不够高。专业课程的中心地位毋庸置疑，公共基础课程中，两课教育和体育教育有国家政策支持，外语、就业指导和心理教育课程也受到广泛的重视，唯有数学课程似乎可有可无。在高职教育办学的激烈竞争中，管理者的主要精力自然投入到专业课程的建设中，使得数学课程一直挣扎在边缘地带。

（二）学科型课程设置忽视了学生职业能力的培养

第一，注重学科的完整性和系统性，忽视课程的应用性和实践性。高职教育特殊的人才培养目标决定了高职院校的数学课程必须放弃其学科的完整性和系统性，以"必需、够用"为原则。但是，数学是一门逻辑性非常强的课程，各个章节之间并没有明确的分界线，各章节内容互相联系，存在紧密的逻辑关系。因此，简单的删减内容是不合理也是不科学的，要在有限的课时里完成教学目标，让数学知识既能满足学生需求，又不增加学生负担是非常困难的。这需要对高职数学的知识体系重新进行梳理和调整，挑选并建构一个新的知识网络体系，以满足需求。现在高职数学的内容设置虽然已经经过了不同幅度的调整，删除了烦琐的理论证明，简化了知识深度，但教师的"体系完整"情结依然存在。此外，数学的应用性和实践性越来越受到重视，不少学校开始增加数学建模教学和数学实验教学，以提升数学的实用性，但受到课时和教学条件的影响，这类教学仍流于表面，或只是纸上谈兵，缺少动手环节，或称只能在少数部分学生中开展，不能大面积惠及所有学生。

第二，与专业课程结合不紧密，对专业课程学习作用不大。"为专业课服务"已经成为高职数学教学的共识，从内容选择到教学难度，从例题类型到教学方法，高职数学教师正在做出方方面面的努力和改变让数学课程能与专业课程相结合。但隔行如隔山，专业知识的学习到底需要怎样的数学知识，数学教学中又该融入什么专业知识，一直是个广泛的难题。在数学教学中增加一些有专业知识背景的例题是普遍做法，但由于同一个知识点，在数学应用和专业知识应用中的侧重点和思维角度并不相同，效果并不明显。此外，数学教师对专业知识并没有系统地学习，无法从实质上把握知识点应用的关键，这也影响了效果的达成。因此，学生普遍认为，数学知识对专业课学习作用不大。

第三，注重课程的知识工具性，忽视其在能力和素质上的培养功能。高职数学课程是一门为专业课服务的工具性课程，这是高职数学课程的定位。数学知识的工具性在这一定位中得到了充分体现，但数学的功能不应该被单一化。除了知识目标，数学课程的教学目标还包括能力培养和素质培养，如果只看到数学知识的工具性而忽视其在能力和素质培养上的功能性，就会大大削弱数学的作用。高职教育培养的不只是会做的员工，更加应该是会学习、会思考、有发展的高等技能应用型人才。因此，在数学学习过程中体现出来的对学生学习能力、逻辑思考能力、思维严密性等方面的培养和对学生精神品质的培养是不容忽视的。

第四，强调课程对专业课程的服务功能，忽视学生后继发展的需求。学生的发展具有多样性，他们有就业和升学的要求，高职教育并不阻断学生升学的道路，高职教育的数学课程也应考虑到学生后继发展的需求，"必需、够用"也应以此为度。此外，现代科技的高速发展也要求从业者必须不断更新知识适应发展，学生就业后也需要后继学习，在学校打下的坚实基础可以提升人才竞争力。因此，只强调课程对专业课程的服务功能，忽视学生后继发展的需求是不合适的。

第五，教学形式单一，教学效果不佳。以讲授为主的单一教学手段无法有效激起学生兴趣，不利于学生学习能力的培养。多媒体教学虽然普遍应用，但一般只起到代替板书的作用，效果不明显，缺少更灵活多样的课件开发与制作。讨论法和启发式教学也有一定的应用，但受教学环境和教学时间等因素的影响不能广泛应用以突出其作用。结合当前先进教育理念的教学手段，急需系统地设计与开发。

（三）本科压缩型教材重理论轻应用

1.教材没有摆脱学科体系，过度强调系统性

近年来的很多教材，虽然已经开始致力于突破学科体系，删除了较难的学习内容，简化理论证明，强调通俗易懂。但是依然没有能摆脱"学科体系完整"的情结，从结构上看还是属于"本科压缩型"，缺少高职教育的特色，不能从学生毕业后的职业需求出发。

2.教材例题枯燥，忽视应用性和实用功能

例题枯燥，缺少实际案例也是目前高职数学教材的一个共同问题。在教材例题的选择上，一般从服务定理、法则的目的出发，忽视例题的应用性和实用功能。学以致用是高职学生学习的主要目标，与专业知识密切相关的实际案例不仅能提高学生的学习兴趣，更能培养学生解决问题的能力，完成知识的有效学习和运用。

3.教材内容陈旧，缺少创新意识与科技进步

科技发展日新月异，教材内容却不能跟上高新技术发展的步伐。一些实际案例的背景陈旧，如"汽车运电线杆"、数值的近似计算等。缺少创新意识，更与科技进步不符，不能适应高职教育培养高技能人才的目标。

（四）缺少课程方案评价体系与学生过程性学习评价

1.缺少对课程方案的评价体系

没有常规化的课程方案评价体系也是目前高职院校普遍存在的问题之一。课程方案也是一个需要不断完善和改进的动态过程，只有在实际的教学操作过程中，才能有效发现课程方案的不足和找到改进方法，也只有一线教师才对课程方案的执行有最明确的体会。所以，开发课程方案评价体系、及时对课程方案做出客观评价，才有利于进一步完善，进而达到最优教学效果。

2.学生学习考核方式过程性评价不明显

传统以闭卷笔试为主的学生评价体系，不利于学生良好学习动机和学习方法的培养，不利于体现学生的完整学习过程和学习效果。过程性评价只体现在"平时成绩"的打分上，随意性大，缺少明确的评价体系。

三、高等数学课程框架调整的建议

在培养高等技术应用性人才的要求下，高等数学作为一门基础课程，在部分教师及学生眼中似乎可有可无，数学教学课时和教学内容被再三缩减，甚至一些专业不开设高等数学这门课。在大多高职院校，领导往往比较重视学生的技能或专业课的掌握情况，很少关照基础课尤其是数学课的教学情况。如果教改仅靠教师自身，是很难实现教学改革的，各学校甚至于整个教育主管部门都应该给予更多支持。比如，在资金方面等，组织多所院校联合开发高职数学通用教材和与之配套的各专业习题库、试题库，应加强诸如多媒体教室、机房等的建设，组织学生多参加比如数学软件、数学建模等比赛，对整个专业教学都具有积极意义。

（一）高等数学对各专业的教学侧重点及方法的调整

一方面，概念性教学、应用性教学及计算性教学侧重点的调整。数学教师在教学过程中要有侧重点。首先，数学教学中涉及的重要概念，教师不能单纯地用数学的语言来描述，更要注重概念在专业课中如何跟实际问题结合，利用专业课的语言去描述和强化，从而使得数学中的重要概念与专业课知识点紧密结合，以便更好地利用数学知识掌握好专业课内容。例如，在经济学中，边际函数其实就是函数在一点处的导数的定义；在物理力学里，路程对时间的导数通常称为速度，速度对时间的导数被称为加速度。在教学过程中有针对性地与专业概念相结合，能够让学生更快地掌握重要的数学概念的本质，以及灵活运用的程度。不仅如此，还要对在各专业课中运用很频繁的数学概念进行深度分析，这样一来，学生能够在各类专业中灵活掌握数学概念在专业课中的描述和运用。

另一方面，高等数学教学内容在专业课中运用的深广度。在数学教学过程中应该关注、研讨数学知识点在各相关专业课上应用的广度和深浅度，边授课边探索，总结积累出一套适合数学教学在专业教学中需求的广度和深浅度的方案，或者说是讲义。

（1）需求广度：高职院校各系各专业课设置得都很多，通过专业课教师调研也可以发现，数学的很多知识点在专业课中运用很广泛。

（2）需求深度：数学中的方法和逻辑思维在专业中常常被应用，数学定理的结论经常使用，只用到较简单基本的计算。复杂的计算有专门的使用表或者在计算机上直接操作。还有一些内容只是要求学生自学了解的，因此所需数学知识也只是单纯的公式而已。在教学过程中要有选择性教学，不能过分强调数学知识的深度和广度，要有针对性地选择深广度。深广度的选取体现出高职院校高等数学的实用性和服务性即可。比如，在给机械系学生上定积分在物理上的应用这节课时，只需要挑几个跟专业结合密切的例子，如转动惯量的求法（刚体力学中的一个重要物理量）、变力做功，两个例子从数学的角度和深度讲给学生就足够了。

（二）教学大纲的调整与修订

对大纲做细致的调整，要针对各系各专业课，把需要的数学知识挖掘出来，有针对性地编写大纲，比如，机械系主干课程需要的数学知识调研，进而得出一定的调整方向。

（1）机械设计：加减乘除、三角函数（正弦、余弦、正切、余切）、指数函数、幂函数、对数函数（lg、ln）、微分导数。

（2）机械原理：加减乘除、矢量方程、三角函数（正弦、余弦、正切、余切）、幂函数、指数函数、定积分、级数、一阶二阶微分方程、曲线方程、参数方程。

（3）液压与气动技术：加减乘除、三角函数（正弦、余弦、正切、余切）、微分导数。

（4）互换性与测量技术：加减乘除、平方根、绝对值、定积分。

（5）刀具：加减乘除、三角函数（正弦、余弦、正切、余切）、锥度。

（6）工程测试技术：定积分、极限、无穷级数、分段函数、平方根、二阶导数、一阶二阶微分方程。

（7）数控编程：直角坐标系、曲线方程、参数方程。

（三）改进学生考核评价标准

实现考试的质量控制、改进和保证等管理功能。考核形式不能局限于几次考试，要向多样化方向发展，重点考核平日的学习态度和学习习惯以及课堂上的学习主动性，体现"通过过程控制达到目标控制"的原则，强调知识点的细化，以章为单位设置考核内容，采用在线自主测试和达标测试等方法，实现考核方法的改革创新。考核标准如下。

（1）平时成绩50分：出勤10分、作业10分、课堂教学30分，一次课5分制，从第一次到最后一次累加次数。注重平时的管理很重要。出勤、作业、课堂教学的考核不仅仅给个分数就可以了，任课教师要对学生进行正确的学习引导，端正学习态度的引导，用鼓励、奖励、感化等爱的教育教育他们，使得学生都能慢慢地改变自己的不良习惯。这样，数学成绩自然就会提高，就会对数学产生兴趣，同时也就达到了学习高等数学的真正目的。

（2）四次阶段考试（每个月一次，每次5分，共20分），每次阶段考试都是数学老师和几位专业教师一同出题，针对自己所教专业课的具体内容，出一些能考查出学生在专业课中能用到的数学知识点以及在专业课上数学知识的简单应用。数学老师在出题的过程中同时也学到了专业课中的理论联系专业的实际应用问题。每次的考试卷都保留，上交到基础部保存，为以后的考核改革提供参考。

（3）期末考试30分。改变以往考核标准中平时成绩占20%、期中试卷占30%、期末试卷占50%的比例。加大了平时的考核力度，重视学生的学习态度，加大教师跟学生的沟通力度，课堂教学采取分组讨论激进教学法。期末考卷，不同系不同专业的考试卷中反映出的数学知识点是不同的。试卷是由任课的数学教师和该专业的专业教师共同协商完成。主要是考核这学期各专业的学生对于在本专业课上需要的数学知识点的掌握程度的，四次阶段考核再加上期末的总体考核，一个学生对专业课中的数学知识点的掌握程度就可以一目了然。将期末考试题与专业应用相结合，使得数学知识与专业课更加紧密结合，有利于学生更好地为学习专业课打下良好的基础，充分体现出高等数学基本技能的需求。

第三节　高职院校数学课程基本功能改革的设想

20世纪90年代以来，我国的高等职业教育进入一个高速发展的时期。目前，我国的高等职业院校大多由原来的中等职业学校合并升格而成。这也导致高等职业院校的专业设置、课程结构等要么延续了中等职业学校的组织特点，要么是本科院校的"浓缩摘录"版，无法体现高等职业教育的特色，更无法与高等职业教育的人才培养目标相符合。轰轰烈烈的专业开发和课程改革帷幕就此拉开。数学课程作为一门高等职业院校课程结构体系中的公共基础课程，其地位和作用一直颇受争论。几经起落，数学课程的定位开始日趋明朗化，也越来越受到教育管理者的重视。

一、高职数学课程改革的现实基础

（一）高等职业教育人才培养目标提出的新要求

高等职业教育的培养目标是培养适应生产、建设、管理、服务第一线需要的，德、智、体、美全面发展的高等技术应用型专门人才。这一不同于普通高等教育的人才培养目标决定了，在此之下的各类课程教育目标也应体现出高职教育的特色。

"高等技术应用型专门人才"，既包括对人才在技能、技术方面的要求，也包含对人才能力层次上的要求。因此，各课程的教育目标就不能仅仅停留在知识层面，还应注重能力层面和素质层面，既要考虑学生就业的需求，更应考虑学生发展的需要。

（二）专业设置市场化和多样性提出的新要求

为了适应社会经济发展对人才层次要求的不断提高的现状，高等职业院校的专业设置也越来越灵活，一些新的专业不断出现，现有专业也在不断创新和改革。新知识和新技术不断出现，对学生的能力要求也随之提高，从而对于数学课程来说，其教育目标、教学内容、教学方式以及教学评价等各方面都必须提出新的要求和标准。

（三）专业课程开发与设置改革提出的新要求

随着对高等职业教育办学理念、办学特点认识的不断深入以及社会竞争的不断加强，高职院校纷纷开始了新一轮的专业开发和专业课程建设改革。先进的课程开发理念不断引进，项目课程开发、学习领域课程开发等如火如荼进行。虽然这些课程开发模式都是以专业课程为对象的，但是专业课程的改革必然要求其周边的公共基础课程随之发生一系列变化。因此，专业课程开发建设改革也对数学课程提出了新的要求。

（四）高职院校生源多元化提出的新要求

高职院校生源主要来自普通高中后招生和各类中职院校的单招高考后招生。普高学生的文化基础课水平参差不齐，差异较大；单招学生由于其在中职阶段已经划分专业并开始专业课的教学，主要精力放在专业知识和动手能力的培养上，文化基础课部分普遍比较薄弱。生源水平的层次多元化对数学课程的教学过程和内容设置都提出了新的要求。

综上所述，在新时期的高等职业教育中，数学课程和专业课程一样存在各种各样的问题。每一个问题都是一项挑战，如何正确地看待问题的存在，并及时研究改革方案，在探索中取得进步，是关键所在。

二、高职数学课程的定位与特色

（一）高职数学课程的定位与作用

高职数学课程应定位为专业课学习服务的工具性课程，提高学生职业能力、职业素质、为学生后面学习和职业发展做准备的公共基础课程，为实现学生全面发展、可持续发展和实施素质教育不可或缺的文化基础课程。

高职数学课程应担负起支撑相关专业课程学习的工具性作用；提高学生职业能力、职业素质，为学生职业发展和后继学习提供保障的基础性作用；实施素质教育，培养全面发展的高技能人才的社会服务性作用。

（二）高职数学课程的特色与创新

1. 多元化、宽接口、可发展的课程设置

结合高职院校的培养目标，根据数学课程在高职教育中的定位和作用，系统建设"多元化、宽接口、可发展"的高等数学"课程群"，系统地构建模块化课程体系结构。以公共选修课、专业选修课、学历晋升培训、竞赛专项培训、系列讲座的形式，多元化地建设高等数学课程群；以基础数学知识、数学知识应用、思维能力、学习能力、文化素养等多种形式"接口"专业课程学习；基础知识平台、专业需求平台、学历晋升平台、能力提高平台、文化素养平台的多层次课程设置满足各种学生的不同需求，实现课程的可发展性。

2. 基于工作过程导向的课程设计

以基于工作过程导向的课程设计为理论，以问题驱动教学法、典型案例教学法、项目任务教学法为实施形式，充分遵循以学生为中心，为培养学生职业能力的课程设计原则。学生职业能力应包括三方面：专业能力、方法能力和社会能力。专业能力是学生今后从事职业所需的专门技能和知识，方法能力是学生工作方法后继学习所不可缺少的部分；社会能力是学生从事职业活动和作为社会人必备的行为准则、价值观念和世界观。课程的设计要以学生为中心，以培养学生的职业能力为目标。

（三）高职数学课程的改革目标

1. 知识目标

学习基本知识、基本原理和基本方法，完成知识构架和应用训练，达到专业课够用、会用的目的；学习学科体系知识，满足学历晋升和后继学习、终身学习需求。

2. 能力目标

培养学生的逻辑思维能力、抽象思维能力、辩证思维能力、数学计算能力、知识迁移能力、分析和解决问题能力，并提高学生的自主学习能力，以达到培养学生职业综合能力和终身学习能力的目标。

3. 素养目标

培养学生坚韧、耐心、细致、刻苦的学习品质，培养学生的文化素养，以达到全面发展的素质培养目标。

三、高职数学课程设置改革

结合工科类高职院校的人才培养目标，采用多元化、宽接口、可发展的课程设置。

（一）完善课程体系

1. 必修课程

（1）高等数学

①开设对象：工科专业所有学生。

②开设时间：第一学年第一学期。

③开设课时：64课时（周课时4×教学周16）。

④课程内容：微积分基础、微分方程及数学实验初步。

（2）工程数学

①开设对象：工科类专业所有学生。

②开设时间：第一学年第二学期。

③开设课时：48课时（周课时3×教学周16）。

④课程内容：A.模块一：线性代数基础、概率与数理统计初步及数学实验（建议专业：机械数控类、建筑类等）。B.模块二：线性代数基础、级数、积分变换及数学实验（建议专业：电子信息类、计算机类等）。

2. 选修课程

（1）专业选修课

①开设时间：第一学年第二学期。

②开设课时：30课时（周课时2×教学周15）。

③课程内容：根据不同专业需求开设，如工程计算（机械数控专业）、算法与图论（计算机软件专业）、离散数学（电子通信专业）等。

（2）公共选修课

①开设时间：第一学年。

②开设课时：30课时／门。

③课程内容：选择学生感兴趣的，培养学生数学知识应用能力及提高学生数学素养和文化素养的课程，如数学建模、数学软件应用、数学史、数理逻辑等。

3. 培训课程

（1）学历晋升培训

①开设时间：课余。

②开设内容：根据学院要求开设"专转本""专升本"等课程，满足部分学生的学历晋升需求。

（2）竞赛培训

①开设时间：课余。

②开设内容：根据参赛项目开设，如数学建模、竞赛数学等课程，增强学生学习成就感和荣誉感，培养学生吃苦耐劳、团队合作的精神品质。

4．系列讲座

①开设时间：课余。

②开设内容：根据学生感兴趣的内容开设数学大师系列、世界数学难题系列、数学与现代科技系列等系列讲座，提高学生学习积极性，丰富学生知识面。以必修课程《高等数学》（第一学年第一学期）为例，做好教学内容设置、课程目标与教学计划。

（二）高职数学教材开发的改革

1．教材的定义

《中国大百科全书》①（教育卷）对教材的定义是这样的：根据一定学科的任务编写和组织的，具有一定范围和深度的知识和技能体系，一般用教科书的形式来具体反映。

教材是根据课程的教学标准编制，反映本课程教学目标、教学内容、教学范围、教学难度的，并提供相应有利于学生学习巩固的练习、复习内容的特殊书籍。

2．教材的作用

教材是学生进行系统课程学习的主要参考资料，起到辅助学生掌握课堂教学内容，提供学生知识点查询，并帮助学生开展预习、复习工作的作用。

教材是教师教学活动的主要依据，帮助教师理解课程标准，掌握教学内容、教学范围和教学难度，同时也是教师开展备课、上课、评价等一系列教学活动的中心材料。

教材必须具备语言简洁、条理清晰、逻辑合理、内容正确、排版美观、通俗易懂等特点。

高职高专的教材建设也是近几年来高职教育改革发展的重点内容之一。高职高专教材从无到有、从有到优，经历了一个前所未有的快速发展过程。一大批教育部规划优秀高职高专教材为一线教学提供了有力保证。随着课程建设改革的进一步深化，汲取了高职院校在探索培养高等技术应用型专门人才目标下的成功经验，一纲多本、优化配套的高职高专教材体系正在逐步形成。

---

① 姜椿芳．中国大百科全书：教育卷 [M]．北京：中国大百科全书出版社，1993.

（三）高职数学课程教学模式的改革

1.教学设计

苏联教育学家巴班斯基认为，教学过程最优化不仅要求科学地组织教师的劳动，还要求科学地组织学生的学习活动，认为教学系统包括教师、学生、教学条件三个基本成分。[①]

巴班斯基提出了教学最优化理论，并规定了两条最优化的判断标准。第一条，教学过程的内容、结构和发挥作用的逻辑，都要根据国家教学大纲的要求，按照每个学生最大的学习可能性水平，保证有效、高质量地解决学生的教学、教育和发展任务。第二条，保证达到既定的目的。

20 世纪 80 年代兴起的"行动导向"教学法提倡要创造一种学与教、学生与教师互动的课堂教学情境，以活动为导向，调动学生的学习行为，把行动过程与学习过程结合起来，提高学生学习兴趣，培养学生创新思维和实践能力。注重学生"学法"内容，在学习过程中培养学生的学习能力以及自我发展意识，将知识内化为能力。

根据教育部《关于全面提高高等职业教育教学质量的若干意见》文件为指导思想，改革教学方法手段，融"教、学、做"为一体，强化学生能力的培养。

综合以上教学设计理念，问题驱动教学法、典型案例教学法、项目任务教学法是比较符合高职院校学生特点、符合高职教育教学改革趋势的课堂教学模式，能充分体现以学生为中心，为培养学生综合职业能力的课程设计原则。

2.教学资源

基于高职教育人才培养目标和以"学生为中心"的教学定位，建立完整、科学的教学资源库是课程建设不可缺少的一个重要环节。丰富的教学资源是学生自主学习的良好途径，也是教师教学工作开展的有力保证和依托。建立电子教学资源库，既方便资源共享，也便于资料的修改与更新。教学资源库包含三方面的内容：学生学习资源库、教师教学资源库、文件及课程方案资料库。

（1）学生学习资料库。发挥学生自主学习的能动性，让学生学会如何学习，是高职教育的教育目标之一。学习能力是学生职业能力培养的组成部分，因此，创造条件鼓励学生自主学习不仅有利于学生课程学习成绩的提高，更有利于学生学习能力的培养。建立完整、有效的学生学习资料库，正是学生学习能力培养的良好途径。学生学习资料库包括网络课程、习题及解答题库、知识难点解析、自测试卷库、课外阅读材料库以及建议参考书目等。保证学生在课后也能拥有完整的课程学习过程，也让资源库成为学生学习的第二课堂。

（2）教师教学资源库。再优秀的教师也需要科学且丰富的教学资源。教师教学资源库可以实现优秀教学资源的共享，保障教学资源的时效性和先进性，是教师教学工

① 巴班斯基.教学教育过程最优化——方法论原理 [M].赵维贤译.人民教育出版社，1985.

作开展的有力保证和依托。教师教学资源库包括电子教材、优秀教案、多媒体课件、数学实验素材、例题库、试卷库、示范课视频、参考书目、数学文化材料库等。资源库定期更新，吸纳优秀教学资源，体现先进教学理念，真正成为教师的有效后盾，并帮助青年教师成长。

（3）文件及课程方案资料库。文件及课程方案资料库包括政府文件、学校政策、课改材料、课程标准、授课计划、评价方案等与课程建设相关的材料，方便教师查询，及时调整工作并了解最新的政策、文件。

3. 教学环境

良好的教学环境是教学活动顺利进行的保障。根据数学教学的具体情况，适合进行单班教学，便于教师及时掌握学生情况，调整教学进度和难度。教学地点为教室和数学实验室。数学实验室为计算机机房，机房有状态良好的设备、安全的上机环境，安装有 MATLAB 操作软件，以及安全充足的网络环境。随着互联网技术的发展，网络教学早已成为现实。配备完整的网络教学课程可以弥补传统课堂教学的不足，突破时间和空间的限制，为学生提供自由自主的学习手段。因此，充足而安全的网络环境也应成为良好教学环境的一个环节。

4. 师资队伍

优秀的师资队伍是课程建设中的重要环节，先进的教学理念、教学方法都要通过教师的教学过程来实现。师资队伍有合理的配比，团结进取，乐于奉献。院校重视师资队伍的培养，在政策上给予一定支持。提供良好的交流学习平台和培训学习机会，帮助教师成长，开阔眼界，接受先进教育理念。教师自身转变教育教学观念，接受新知识、新理念，研究新方法，积极提高业务水平以适应新阶段的高职教育改革。

四、高数课紧贴专业需要的教学原则

高职院校课程改革的目标如下：一是服务于专业教学，满足后续专业课程对数学知识的需求。二是面向学生未来就业，使高等数学课程内容有机地、充分地融汇在专业课的应用之中。从整体教学出发，注重学科之间的横向联系，突出知识的完整性、合理性、实用性，提高学生综合能力，促使数学教育教学更加贴近生活、适应市场、服务于社会，使之更符合培养应用型人才的需要。可见，应该把课改的重点放在如何使高数紧贴专业需要上。

（一）教学方法上采用循序渐进的原则

数学尤其是高等数学，历来是抽象和繁杂的代名词。在以前，有机会学习高等数学的都是大学本科生，而高等职业教育的受教育对象是企业的未来高级蓝领。所以，高等职业教育中的高等数学教学主要不在于看数学教师的理论水平有多高，也不在于对数学公式、定理的论证与应用多么娴熟，更重要的是通过教师的讲授让学生学会应用。也就是说，高职院校数学教师的任务就是把抽象的理论知识转化为直观、简单的东西，在教学中要循序渐进，易于让学生接受并掌握知识。例如，讲积分在几何上的应用中求旋转体的体积时，先由圆柱的体积求解过程抽象出圆锥体积的求解方法，然后把这种微元法推广到求任意图形旋转后的体积，然后再循序渐进地让学生用这一数学理论解释生活中的现象，不仅加深了学生对这一概念的理解，也有利于培养学生对数学的兴趣。

1. 激发学生学习动机提高学生学习兴趣

在教学中，教师要不失时机地结合专业需要激发学生的学习兴趣，兴趣是最好的老师，兴趣来源于生活中实实在在的、看得见摸得着的应用。现在大多高职生认为到高职学校就是为了以后找到一个好工作，学生中"只要学好专业技术就行了"这种思想认识占据很大比例，导致很多学生对基础课尤其是数学课学习不感兴趣，普遍缺乏内在学习动力。所以，激发学生数学学习兴趣成为高职数学教师成功教学的前提条件。此外，数学教师应主动寻求与专业相关的数学问题给学生讲解，或用与专业相关的实际问题背景作为数学教学的背景，教学效果一定会更好。在教学中讲解数学概念时，用学生将要大量接触的、与专业有联系的实例讲解概念，能够让学生建立正确的数学概念，能够提高整体教学效果，也能拓宽学生的思路。因此，数学教师要经常接触专业学科中的问题，了解专业技能中需要的专业知识，熟悉专业问题解决中应用的数学知识。

2. 让学生体验数学美

高职学生的年龄状况表明他们的情感世界非常丰富，在教学中如能让学生发现和体会数学中的美，从而引起学生对数学学习的兴趣，数学教学就能起到事半功倍的效果。数学是研究客观世界数量关系和空间形式的学科，具有鲜明的简洁美、对称美、奇异美等。在数学学习中，教师要引导学生去发现、体会并欣赏数学的美，从而激发学生爱学数学的兴趣。数学美蕴藏于抽象概念、公式符号、命题模型、结构系统、思维方法之中，可以达到陶冶学生情操、激发学习兴趣的目的，如利用幂级数展开式推出的欧拉公式揭示了指数函数与三角函数之间的联系。自然界中花朵的花瓣存在斐波那契数列，大多数情况下，一朵花的花瓣数目是3、5、8、13、21、34等，如百合花有3瓣花瓣、万寿菊有13瓣花瓣，在向日葵花盘中葵花子的螺旋模式也可以发现斐波那契数列。

3. 开阔学生视野

单纯的数学教学很难激起高职生的学习兴趣，要想办法在课堂上开阔学生视野。高职数学的教学可与计算机等高科技手段相结合，增加一些算法与教学软件的内容，使学生学会借助计算机进行数学计算，利用数学软件理解一些深奥的数学概念，比如，通过动画可以直观地了解定积分思想的实质；再如，在拉格朗日中值定理的教学中，先让学生观看图形模拟会容易发现该定理的实质。通过数学实验课上形象的描述，把抽象的问题直观简单化，极大地激发了学生学习数学的动力。

（二）教学内容上要以"必须、够用"为原则

对于高职学生来说，培养职业能力虽然很重要，但是要培养具有高级技术的"蓝领"，光有职业技术是远远不够的。数学作为一门基础工具学科，其目的在于培养学生分析问题、解决问题的能力，为学生学习专业课程提供基础的数学知识和基本工具；更重要的是通过对数学知识的学习，学会数学的思维方法，启发学生的创造性思维，培养严谨、踏实的科学精神和意志，提高学生的整体素质。教师一定要树立数学为专业服务的思想，主动关注甚至学习不同专业所需的数学知识，及时调整其教学内容和教学重点。学校可根据各专业特点编写校本教材，选择性教学，不必过分强调数学知识的系统性和完整性，关键是突出高职数学的实用性和服务性的功能，为学生专业课程的学习提供有力支持，使数学教育不再是纯理论化。

（三）教学要体现以应用为目的的原则

从各专业后继课程的需要和社会的实际需求出发来考虑和确定教学内容和体系。课程设置要合理，打破传统模式，要体现高等数学与专业课程之间的相互融合，避免过度分散。对教学内容进行必要的增减与优化，高职数学只要以够用为原则就可以，但实施起来却很难做到面面俱到。目前大多高职数学教材基本上是数学专业教材的一种压缩，因此需要对基础部分针对专业做一定的取舍，压缩或者删除一些不常用的繁杂推导和证明，增加一些体现现代数学思想和方法的新内容。也可根据学生的实际情况，结合学生的自身特点，设置不同档次、不同内容的课程供不同学习要求的学生选学，有助于调动学生的主动性、积极性，开发学生潜能，促进个体优势的发展，培养学生分析问题、解决问题的能力。

（四）贯彻缺什么补什么的原则

高职学生中学习能力参差不齐，也有相当多的同学对中学所学的三角公式、对数、方程、几何等知识点遗忘过多，给高等数学的教学带来一定困难。在职业教育教学中，应有目的地补习中学所学内容，使学习处于低起点的学生也能有所收益。也就是说，教学要灵活多变，需要什么知识，就要给学生补上该知识。当然，在高职数学课堂中除了让学生学习数学理论知识外，更重要的是挖掘其在专业中的应用实例，并运用于教学之中，使数学的广泛应用性得以很好地体现，同时也可以提高学生的学习积极性。

五、高数课紧贴专业需要具体教学措施

（一）确定高数为专业服务的理念

高等数学是高职院校作为文化基础课开设的课程，而且是按照独立、完整的课程来设置的，但必须有明确的教学理念和课程目标。数学课的教学应具有鲜明的职业特色，体现其基础性和工具性，着眼于普通劳动者的素质培养，为专业学习和技能的提高服务。本着高等数学服务于专业的教学理念，数学课程目标应达到注意与专业紧密联系、注重数学的生活应用、注重职业问题的解决。

为适应现代企业对高职生"零距离"上岗的要求（进入企业能独立承担工作，不用企业再进行岗前培训），保证"2+1"的培养模式有效实施（前两年理论专业学习，第三年顶岗实习），高职院校的数学课必然要减少授课课时，因此数学教学必须遵循"以实用为目的，以够用为尺度"的原则。尽管高职数学教师大都是受过正规学习与训练的数学专业本科（硕士）生，但是作为职业教育过程中的主导人物，教师的知识结构单一是不能适应专业背景下的教学工作的。数学教师的业务学习和教学研究不应局限于数学知识，必须对所教专业所用的数学知识有充分了解，用什么、哪里用、怎样用都要做到心中有数、胸有成竹，这样才能在教学过程中把数学知识与专业结合起来，真正做到数学服务于专业，体现数学工具性的功能。因此，数学教师要具有为专业服务的理念。

（二）建构合理的知识讲授体系

高数历来是抽象和繁杂的代名词，而高职数学应重在计算，课堂上减少不必要的理论推导，在课堂教学中对不必要的、占用时间较多的理论推导及公式证明都可删减。让学生清楚所学数学知识体系，能灵活地求解出较为简单的计算，没必要推导一些较为烦琐的公式，会套用公式就可以。

高职院校的学生具有不同的生活背景、知识水平和理解能力，个体差异性非常大，而数学学习是在已有数学认知结构基础上的构建活动。"数学认知机构不是孤立的系统，不仅包括数学学科方面的知识、经验，而且受到生活经验、其他学科知识经验的直接影响。"[①] 因此，学生在数学学习中会表现出不同特点，数学教学必须尊重学生的主体地位，从每个学生的实际出发进行教学，以便发挥学生的主观能动性，促进学生更好地学习高数。

（三）指导学生选择科学的数学学习方法

教学是由教师的教和学生的学构成的共同活动，教学活动是围绕着教学内容的传授而展开的。课堂教学是学生获得知识的主要来源，教师应充分利用网络系统上的习

---

① 张彩宁，王亚凌，杨娇.高职院校数学教学改革与能力培养研究[M].天津：天津科学技术出版社，2019.

题进行课后辅导，对课堂上讲授的内容做适当扩展。为了便于学生进一步掌握数学方法，在教学中可根据不同的内容采用电化教学、自学、课堂辩论等多种教学手段。每学完一章，教师要通过测试、提问等方式来检查学生掌握的程度。要督促学生自主学习，灵活学习，不要死记硬背公式，以达到高等数学的最佳教学效果，从而提高学生学习的自主性。

（四）灵活编写与专业有关的讲义

大多数高职院校专业很多，而且各专业对高等数学的要求相差较大，针对这种状况，短时间内编写多部教材显然困难很大，时间上也来不及，所以适时地编写一些讲义性质的小教材发给学生使用还是很有必要的。不同的专业编写不同的讲义，学生用起来也很方便。在编写讲义时要注意以下问题。

（1）对高等数学课程教学内容进行全面的梳理、优化重组，力求满足现代高等职业教育对数学教育的需要。

（2）内容的安排上，要从应用的角度或者说解决实际问题的需要出发，从各专业后继课程的需要和社会的实际需要出发，考虑和确定教学内容体系，并做到少而精。

（3）讲义的编写要适用于大多数学生。

（4）讲义一般使用1～2个学期后，要适时修改补充，让讲义更加完美。

总之，在高职高等数学教学内容的优化整合和教学方法的改革过程中，必然要开发出新的教材或讲义。但是，要本着高职教育的特点和高职数学教学内容优化整合指导原则，要多结合多年来高等数学的教学改革实践经验，更要恰当地把握教学内容的深度和广度。

第二章 高职数学教育理念

第一节 成果导向教育理念与高职数学

近年来，高等职业教育发展迅速，在我国教育体系中的作用越来越大，肩负着为经济社会建设与发展培养技能型人才的使命。与普通本科教育相比，培养目标、就业定位、教学方式都有着本质上的区别。数学建模课程在本科教育体系中已经发展得相对成熟，从1992年全国大学生数学建模竞赛至今为止的参赛队伍数量上就能看出，本科的数学建模课程从教学内容到教学效果都是完整有效的，从参赛成果上也能看出本科学生通过这门课程的培训，其应用能力和创新能力都有显著性提高。

相对于本科数学建模的教学成果，高职数学建模课程开设时间较晚，并且从参赛规模和参赛成果上也要远远落后于本科教育。高职数学建模课程体系构建面临的问题，具体包括生源复杂造成基础知识差异较大、授课时长较短、课程目标差异化等问题。

本节以高职院校的实际教学环境为例，以成果导向教育理念为指导进行数学建模课程体系构建研究，全面提高学生应用能力和参赛能力。本节从实际出发，主要从高职学生学情调研、课程体系的构建两方面进行研究探讨。

一、学情调研

生源的竞争压力导致学生基础越来越差，教学难度逐渐增加，学生的实际情况完全无法满足数学建模竞赛对参赛学生的要求。面对这些困难，只有充分调研，了解学情，才能准确制定出有针对性解决策略的课程大纲，明确教学目标和遵循体系构建原则。

（一）生源情况

各高职院校在面对生源紧张、招生困难的背景下逐年增加单独招生比例，期望在高考前抢占一部分高考生源市场。从几个省份调研结果数据来看，单招考生的增加比例在16.5%左右，在这种大环境下，各高职院校的生源构成逐渐以单招学生为主，比例会占到60%~70%，其次还会有一部分的中职学生。

（二）学生的基础知识掌握情况

近几年高职院校单独招生的学生比例逐年递增，这种现象导致高职学生的基础知识起点越来越低，完全不具备初等数学的知识储备。知识储备的缺乏不只是计算能力有所下降，很多基本概念、基本性质都没有理解和掌握，这种前提下学习数学建模的难度很大。高职学生在学习数学建模过程中最大的难点就是对于复杂运算的畏难情绪，这个问题可以通过引入数学实验来解决，利用一些操作命令简单的数学软件（例如，Matlab、lingo、spss 等）解决一些复杂的计算问题。

（三）网络资源使用能力

由于高职学生生源多数都是一些非重点高中学校，使用手机的时间较多，这些学生虽然并不擅长解题和计算，但是这些学生对于网络资源的搜索能力比较理想，他们在手机使用的时长和广泛性两方面有一定的优势，发散性思维比较活跃。针对这种优势，数学建模课程在构建体系时就需要加强学生对网络信息资源整合和应用方面的能力。

（四）电脑硬件保有情况和常用办公软件应用能力

由于手机部分功能对电脑的替代性，学生的电脑保有情况有明显的下降趋势，很多学生在这门课程学习前有可能没有接触过电脑或者接触得比较少，同时这种情况带来的难题就是学生对常用办公软件的使用和应用能力不足。这对高职学生学习数学建模课程增加了新的难题。

针对以上这些调研结果，在构建高职数学建模课程体系时就需要注意两个问题，一是如何克服知识结构缺失和软件应用能力不足这些困难，二是如何利用学生网络资源搜索能力，提高理论知识的应用能力和解决实际问题的能力。

二、体系的构建

数学建模课程在学生职业能力和综合素养培养过程中起着至关重要的作用，一般课程会开设在高等数学学习之后，这时学生会初步具备一些微积分知识等数学基础，但对于高等数学中抽象概念和意义理解不到位，尤其是比较缺乏利用这些理论知识解决专业与实际生活中具体问题的意识和能力。本节希望通过重新构建高职数学建模课程体系，提高数学建模课程的教学效率和教学质量，全面发挥大学数学全面育人的功能。

（一）基于成果导向教育理念的课程体系构建原则

成果导向教育（Outcomes-based education，OBE）以学生的学习成果为导向，正视学生的多样性与差异性，课程构建的重点不再是传统意义上的教师想要教什么，而是更加重视学习成果，强调学生"学到了什么"，强调围绕着学生的学习成果开展教学活动，重视学生在未来对社会的适应能力和可持续发展。根据成果导向教育理念构建课程体系，首先需要明确课程的教学目标以及教学难点，然后进行反向设计，改变原有的课程体系和知识框架，根据高职学生实情，不断调整教学内容和教学方法。

（1）聚焦最终成果：构建体系的第一步就是聚焦学生在学习经历后能够达成的最终学习成果，这是构建原则中最重要、最基础的原则。首先建立一个课程的学习成果目标列表，这个目标成果是之后所有教学设计和评量的起点，所有的教学设计和评量设计都是为这个目标成果服务。然后设计对应的教学大纲，将最终成果分解为阶段性成果，用具体的教学内容和教学手段作为载体，协助完成每个阶段性成果。

（2）机会拓展原则：成果导向教育理念强调"成功是成功之母"，以所有学生都能成功为前提，倡导学生个性发展，关注学生个人的进步表现和学业成就。所以在构建数学建模体系时要为所有学生提供相同的学习机会，可以提供不同的可选择的教学资源，教师根据学生差异化需求进行协助引导，同时发展多元的教学评量方式，全面评量考核学生的学习过程及学习成果。

（3）反向设计原则：明确了学生的最终学习成果以后，由最终成果反向设计，充分考虑所有成果的教学载体和教学方式，规划成若干个阶段性成果，确保最终学习成果的实现。在反向设计的过程中，将影响最终成果拆分出的关键性成果作为基础成果，将这些基础成果根据难度和知识结构进行排序设计，串联成最终成果。同时，尽量删除或者忽略一些零碎成果，打破原有的知识框架。

（二）教学目标

高职数学建模课程的开设目标是希望通过教师讲解建模的基本方法、相关数学计算软件的应用方法，让学生了解完整的建模过程，然后通过一些代表性的模型案例，让学生模拟使用对应的常见建模方法，熟练这些建模方法后协作解决一些自然科学领域的实际问题。在协作完成简单模型的建立和求解这个过程中，提高学生的知识应用能力和创新能力，并且在大量的实践过程中，逐渐培养用数学思想分析和解决实际问题的意识和能力。

根据成果导向教育理念，明确学生最终的学习成果如下：

（1）熟知基本的建模方法和步骤，能使用软件 lingo 和 Matlab 的基本数值命令。

（2）能够和其他同学建立小组，协作完成简单的数学建模，建立良好的数学应用意识。

（3）能分析生活中相关的变化率问题并建立简单的微分方程模型。

（4）能利用 Excel 数据分析功能进行简单的数据处理和分析，完成一些简单的预测问题。

（5）能利用线性规划理论，建立优化模型，通过 lingo 解决计算，完成一些简单的决策问题。

（三）教学大纲

根据成果导向教学理念，在明确了教学目标后，设计对应的教学大纲，确定教学内容和进程安排。完成以上教学目标，能够有效提高学生应用理论知识解决实际问题的能力，逐步培养应用数学理论做出科学决策的意识，同时还具备了参加数学建模竞赛的理论基础。不过在进行反向设计课程体系时还要注意调研结果中涉及的四个问题，也就是说反向设计的起点不只是理论知识的教学目标，还要包括基本学情分析结果所带来的难点。

例如，由学生的生源及基础知识掌握情况带来的难题就需要考虑到数学建模课程对学习起点的分析。高职数学建模课程主要涉及三个类型的模型：微分模型、优化模型、数据分析模型。其中微分模型对微积分的理论要求比较高，尤其是要深刻地理解微积分在各专业领域的实际意义才能建立合适的微分模型。这对于目前大多数的高职院校学生而言都是有很大难度的，因此反向设计高职数学建模课程的教学内容时就要适当地降低微分模型的课时比例和案例难度。

（四）教学单元设计

课程大纲的教学内容设计和教学进程安排共包括四个单元，这就是教学单元设计中的"单元"来源。成果导向教学单元设计更加强调包容性和实用性，在教学设计的过程中，学生是主体，"如何学"是设计的基本原则。每个单元对应的教学单元设计要分别承担一部分课程教学目标，然后思考学生达成对应目标需要的知识载体，最终形成具体的单元活动安排。

成果导向教学单元设计重点组成包括学生学习条件分析、教学方法和手段、教学资源、单元教学目标、活动历程、教学后记。其中学生学习条件分析要包括起点能力分析、重点分析和难点分析，这是整个教学单元设计的前提。单元教学目标是教学单元设计的核心，是教学活动实施前的制定原则、起点，每个单元承载的目标合集要能够完成总体的课程目标。活动历程的设计重心在学生活动的展开，设计的主体是学生，这是与传统教案最大的区别。

（五）评量体系

根据学情调研结果分析和理论教学目标设定，高职数学建模课程的考核评量体系就要更加注重过程性评量，成果导向评量采用多元评量，强调历程评量、自我比较等。高职数学建模课程的评量体系可以选择实作评量和档案性评量。数学建模课程从教学内容的实施方式上看主要是两部分：建模实例和数学软件求解。其中建模实例要以小组为单位完成，每次任务都是一次成果的体现，通过实践熟练度的累积不断提高应用能力，自我成长是很重要的评量指标，这部分就可以采取档案性评量；数学软件求解可以采用实作评量，制定明确的考核标准，着重考查学生的上机操作。

高职数学建模课程是高职教育体系中提高应用能力和创新能力非常有效的课程载体，构建具有高职特色的数学建模课程才能更加有效地提高教学效果。

第二节 创新创业教育理念与高职数学教学

现如今，创新创业是时代的潮流，这一思潮推动着社会的前进和发展。任何一种思潮的形成都离不开教育，因此，如何将创新创业理念同教育理念融为一体值得每个教育工作者深思。数学本就是思维性较强的学科，在高职数学教育中融入创业创新理念对开拓学生思维、推动高职院校教学改革以及响应国家创新驱动发展战略具有现实性意义。笔者结合自身经历，在介绍创新创业教育理念融入高职数学教学过程中的积极意义的同时，为如何有效地将这一理念融入日常教学提出以下几点思考，以供参考。

高科技的发展催生了大批新兴产业，如今社会，各行各业的发展都离不开创新，我们整个社会的发展、国家的进步也离不开大众创业，创新创业成为时代发展的需要，成为每个人取得事业成功，更好地实现个人价值的需要。在高职数学教学工作中引入创新创业理念，是结合时代需求和教育教学要求而形成的新型教学理念，一方面，能够将高职数学教学不断向实用性和应用化靠拢，另一方面，更有利于学生创新创业理念与高职数学学习相结合，为以后步入社会展开专业训练打下了良好的基础。因此，两者的融合对学生现阶段的学习以及以后的发展都具有十分重要的现实意义。

一、创新创业教育理念融入高职数学教学的现实性与积极意义

"大众创业，万众创新"是我们国家的发展口号，创新驱动发展也是党和政府为我们的社会所定下的发展方向，所以创业创新理念融入教学是大势所趋。同时，如今国家积极提倡职业教育，高职院校无论是规模还是数量都取得了惊人的进步，但应当立足于学校的长期发展，应当以教学质量和就业实力来实现学校的优化发展，高职数学教学无论是在教学模式还是教学内容上都与实际生活问题相结合，学生的就业与发展离不开数学学习，因此，要将创新创业教育理念与高职数学教学相结合。首先，能够帮助学生培养动手实践和思维锻炼能力，从而帮助学生实现数学学科能力的综合培养，帮助其形成完善的数学思维模式。其次，创新创业教育理念能够帮助学生为以后的就业和发展打好基础。国家创新驱动发展战略在高职院校内的宣传和推广是创新创业教育理念的一大体现。通过教育理念的创新和融合，学生通过数学学习能够培养创新性思维，培养专业的技能，从而保证高职院校创新型人才培养目标的实现。

二、创新创业教育理念如何融入高职数学教学

（一）加强创新创业理念的推广

传统的高职数学教学主张以刷题为主要教学方式来进行学生数学能力的培养，但这一教学方法只能面对考试，无法完成以提升学生数学核心素养为目的的数学教学，因此，将创新创业理念不断推广并融入数学教学，可以从以下几方面出发：第一，学校领导应该积极响应国家政策，及时向教师传达党中央的工作精神，使教师认识到创新创业对学生、学校及社会的积极意义，摒弃创新创业就是创办企业这种旧思想，把握新时代创新创业内涵。第二，学校应该加强对教师创新创业相关知识的培训，可以通过考察学习、召开讲座等方式帮助教师认识到创新创业的重要性，更重要的是，让他们懂得如何结合自身的教学情况，使得创新创业精神同自己的教学课程达到完美契合程度。第三，教师本身应该积极履行作为教育者的责任，勇于把握时代潮流，关心国家大发展趋势，使自己的教育工作能够更好地服务社会。教师应该通过多种渠道来了解何为创新创业，搞清楚创新创业同教育工作的关系，并能积极探索将创业创新理念融入教学的途径和方法，在教学第一线收集更宝贵的资料，不断提升自身创新创业能力。

（二）加强高职数学教学课程建设

创新创业理念的引入离不开优秀的课程建设环境，二者如鱼水关系，唇齿相依。因此，两者的融合发展需要从多方面进行强化和推广。通过高职数学教学来强化创新创业教育理念，在高职数学教学中，教师作为课程教学的引导力量，需要在保证学生主体地位的前提下，不断加强高职数学教学的课程建设，通过优化教育教学方式等来实现与创新创业理念的融合。在具体的教学案例中，建议教师可以将高职数学与实际的专业数据处理相结合，通过强化学生对本专业的基础认知来加强数学学科的实用性教学。例如，在会计专业的教学中，教师可以要求学生处理某些公司的营业数据来实现高职数学的教学学习。在环境专业的教学中，可以通过了解一些水处理厂的日处理废水量，让学生运用高职数学知识来完成一些处理工艺的操作设计。通过数学教学与实际应用的结合能够帮助学生在学习过程中不断培养和完善自身的专业知识技能，从而实现在实际处理操作中的创新创业理念的形成和发展。

（三）建立长效机制，形成创新创业教育理念融入高职数学的良性循环

将创业创新理念融入高职数学教育是一个长久性工作，我们不仅要立足当下，更要目光长远，使其形成一个长效机制，对此，我们最重要的就是加强监督力度，促进创新创业理念在高职数学教学中的应用与发展。这一创新理念指导下的高职数学教学

具有明显的教学实效性，学校和教师可以通过教学目标下学生数学成绩的提升来体现课堂教学效果。同时，作为起引导作用的教师，应当不断加强学习和交流，紧跟时代的步伐，不断发展和完善创新创业理念，并在高职数学教学中进行突出教学体现。学校也应当加强教育，不断更新和发展教学理念，促进教育教学的长期完善。例如，在教师层面，学校可以就创新创业教育理念指导下的高职数学教学进行教学评比活动，根据教学过程中学生的反馈与教师评比来加强创新创业理念融入教学。除此之外，学校可以从学生层面出发，积极开展以创新创业理念为指导的高职数学竞赛，在校园内营造一种创新创业的优良氛围，加强学生对创新创业理念的深入理解，同时，提高学生对高职数学学习的积极性与高效性，实现两者的融合发展。

新事物战胜旧事物是一个螺旋式上升过程，不可能一蹴而就。现如今，我们应该将创新创业精神融入高职数学教育，保持乐观态度，在工作中应不断总结经验教训，积极探索符合自己学生情况的教学手段，保证创新创业精神进课堂顺利进行。以高职数学教学促进学生创新创业理念的形成和发展，对学生综合核心素养与学校的长期稳健发展都具有十分重要的现实意义。

第三节　通识教育理念下中高职数学教学

教育部针对职业教育深化改革提出若干意见，强调全面贯彻党的教育方针、围绕立德树人及服务发展的宗旨持续推进改革，全面提高人才培养质量。中高职院校在培养学生专业技能的基础上提升学生综合素质，在这样的背景下融入通识教育，全面深化数学教学改革。

一、通识教育理念下中高职数学课程分析

（一）通识教育下数学课程功能

通识教育理念下中高职数学课程的功能为两点：服务功能与素质教育功能。服务功能，数学课程为中高职学生专业课程学习奠定数学基础，又提供学生在日常生活中所需的数学知识。生活中普遍存在统计数据等情况，市场经济类问题分析需要公民具备相应的定量推理能力。素质教育功能，中高职学生通过数学学习可以掌握相应的数学思想，提高自身数学修养，奠定学生综合素质提升的基础。

（二）中高职数学教学现状

随着中高职的持续扩招，职业教育生源质量逐渐变差，中高职学生数学基础也越

来越差，大部分职业生觉得数学在未来工作中作用不大，缺少学习的积极性与主动性。另外，部分职业院校并未改革数学教学模式，教学内容单一，使得数学课程教学质量不断下降，考试及格率也在下降。少数职业院校觉得增加专业课数量即可，偏文科的专业直接取消数学课程，部分工科专业虽然开设数学课，但课时数量存在不足的现象，不利于学生综合素质提升。中高职数学的教学现状具体来说：

（1）学习基础不扎实。中高职学生生源广且来自不同地区，学生计算机应用能力差异明显。面对基础差异较大的情况，传统教学无法同时兼顾这些差异，也就无法满足学生实际需求。

（2）课程容量较大。数学课程内容繁杂且更新快，仅凭课堂教学无法满足需求。同时，计算机技术快速更新，软硬件不断变化，行业新理论与方法持续出现，课程内容也越来越多，单一课堂教学无法满足实际需求。另外，受课堂限制，教师不可能讲述太多新技术方面的内容。

（3）师生互动较少。受传统教学理念的影响，数学课程教师与学生之间互动较少，无法激发学生学习动机，使得教学效果有限。同时，师生互动缺乏，使得课堂氛围沉闷，教学目标难以完成。

二、通识教育理念下中高职数学教学改革

职业院校引入通识教育理念，除了开设高等数学、数学建模外，还要增加生活数学、数学美的课程等，推进中高职数学教学改革，奠定提升中高职学生数学素养的基础。

（一）重视师资建设，打造高素质的团队

职业院校采取措施提升教师素养。数学教师要主动学习并掌握教育政策方针，在数学课堂教学过程中融入党的方针政策。及时发现课堂教学中存在的问题，联系岗位需求创新教学内容。利用课余时间主动学习，提升自身教学水平，掌握现代化教学方法，创新数学课堂教学模式，发挥信息技术的优势，如利用微视频、翻转课堂等模式；发挥学校的作用，利用各方面资源开展数学教学培训制度，并依据专业方向设置教研室（组），并发挥他们在教学工程中的引导作用，奠定各类活动开展的基础；教师需要提高自身的信息化素质，而且要摒弃以前的旧观念，根据时代发展变化，树立新的现代化的教育理念，学会把自己的身份"降低"，更好地和学生平等相处，重视学生的主体地位，制定符合学生需求的教学任务和目标，不仅要提升学生的思想素质和综合素养，更要提高自身的综合素养，适时改变自己的教学观念，树立符合时代要求的教学新观念，学校也该定期对数学教师进行培训。

（二）更新教学理念，合理利用信息技术

中高职数学课程教学时受传统教学理念的影响，数学课程教学效率偏低。通识教

育理念下数学教师要转变教学理念，着重培养学生数学学习能力。同时，数学教师可以引入信息技术，丰富数学课堂内容与教学形式，实现多样化教学模式。数学教师在创新课堂教学模式的基础上，将信息技术运用到教学中去，从中提高教学质量，并且如若教师对内容理解不到位会影响教学效果，从而影响各个领域的发展。为了让课堂教学更加直观、生动以及准确，将概率教学运用到信息技术中去，因为书上的数据比较笼统，缺乏具体的课程指导，比如，理论与实践，在数据的统计中我们可以利用信息技术解决。

中高职数学教师及时更新教学理念，根据教学目标和学生实际学习能力设计一个合理的教学方案。同时在整个教学过程中利用信息技术的优势，允许并要求学生到课程网站上进行模块任务查询，提升课堂教学内容的高度与深度。在整个教学过程中教师一定要明确自己的引导任务，根据学生学习能力的不同将其划分为不同的学习小组，同时根据不同学习任务利用信息技术进行目标探索，全面提高学习效率，保证教学质量。但需要注意的是在教学中引入信息技术一定要注意把握尺度，在设置好教学目标后，还需对教学成效进行预测和评估，之后再对此应用进行反思总结，思考其设置是否合理、标准。再如，高校数学学习中最关键、最难掌握，也是最重要的内容就是对概念知识的学习，一旦学生将数学概念混淆或者出现记忆错误，不仅在数学知识点的掌握上出现问题，在后面做题时也会一塌糊涂。因此，为了帮助学生明确清晰掌握数学概念，教师在进行教学设计时一定要根据概念教学的内容和需要，为学生安排相适宜的微课教学。

（三）联系生活实际，丰富课堂教学内容

生活上存在很多数学问题，教师将这些元素挖掘出来，与数学知识联系开展教学，丰富课堂教学内容的同时，提高学生利用数学知识解决实际问题的能力。

（1）计算利息类问题。中高职学生基本上都会遇到计算利息的问题，如存钱如何获得最大利息化，买车、买房时如何降低利息支付等。

（2）分段函数计算问题。实际生活中分段函数的范围应用较广，常见的如交话费、水电费计算、个人所得税等。

（3）经济图表类问题。现代社会中图表是一种常见表达方式，利用直观方式让观感具体。常见的如股市图表、经济数据等。

（4）打折促销问题。现实生活中随处可见打折促销的现象，这是每个人消费过程中都会遇到的问题，商家促销的方式种类很多，如打折、现金券赠送，利用数学知识计算出哪一种方式最为优化。

（5）证券回报效益分析。现代资金投资时普遍存在不确定风险因素，任何一种投资都存在风险。通过数学期望与方差计算出平均收益与波动情况，帮助学生做出正确决策。

教师应结合日常生活中的景象让学生进行独立思考。比如，"随意抛一只纸可乐杯，杯口朝上的概率约是 0.22，杯底朝下的概率约是 0.38，则横卧的概率是多少？"，这时学生就应该细心分析题意，因为这道题有个陷阱，杯口朝上不就等于杯底朝下，所以还有一种情况就是杯口朝下，所以不仅要考虑横卧的概率，还要考虑减去杯口朝下的概率，才是真正的答案。

（四）选择合适方法，转变课堂后进学生

对于中高职学生来说，老师的表扬十分重要。这是一种促进自己学习的动力，老师要及时发现学生在学习中的进步，提出表扬，让学生有动力，继续坚持，由此激励学生坚持学习。对于学困生来说，老师要付出更多的精力，要有耐心地帮助学困生。可以结对子，让优等生帮助学困生，促进他们共同进步。在课堂上也要给学困生更多的机会来表现自己，把学生学习的兴趣充分调动起来。预习也是一种好的学习习惯，对于学生来说是一生受益的，但是好的学习习惯需要较长时间的坚持才可以形成，教师这时就必须进行督促工作，久而久之，学生良好的预习习惯便能形成。检查的方式多种多样，如老师可以进行随堂抽查，老师对简单的问题进行提问，如果没有回答出来就证明没有好好预习知识，上课让同学读知识，讲得结结巴巴的同学肯定没有认真并总结预习。老师也可以将全班同学分成小组，由小组长进行逐个检查，然后进行分组讨论自己的预习结果，通过这样的方法，可以充分了解到学生是否进行了预习。现阶段中高职数学课堂上互动教学模式得到广泛应用，但依然有部分教师采取传统教学模式，原地踏步，没有主动改变教学方法的意识，使得数学课堂教学效果不理想，需要及时采取优化措施。数学教师要定期开展教学反思活动，通过反思提升教学水平，创新课堂教学方式，显著提升数学教学质量与效率。数学课堂上教师要多和学生互动，通过设计课堂问题的方法实现双方高效互动，拉近师生之间的关系，全面落实通识教育理念。

（五）丰富评价方法，落实同时教育理念

教学评价直接影响到教学质量，因此要高度重视相关问题。中高职数学教学中落实通识教育理念，需要对教学评价方法进行创新。教学评价中不同人员处于不同位置，看问题的角度不同，评价的结果也存在差异。评价教学质量时要与传统教学评价方法融合，丰富教学评价方法。数学教学依据实际情况选择合适的评价方法，如互评、自评、点评等。同时，还可以引入校内评价、校外评价方式，构建科学合理的评价体系。中高职数学教师在教学计划中规划评价方式，并对学生各方面情况进行考核，实现全方位覆盖，促进中高职数学教学效率的提升，奠定通识教育理念落实的基础。

在对中高职学生数学课程考核时，不仅要注意对学生基础理论知识的考核，同时还要推陈出新，引入发展性考核方式对学生进行综合考核，其中包括对学生的课堂表

现、数学创新能力和综合素养等的考核。教师在对中高职学生进行数学教学时，不仅要关注学生的理解能力和实际掌握能力，还要考查和重视学生利用数学知识解决实际问题的能力，根据所学知识点设计合理的课堂提问，帮助学生学会理论联系实际，最终实现思维的发散。最后，考核的最终成绩应为学生数学课堂表现、理论知识掌握能力、实践阶段表现、综合实践能力、发散思维和创新思维等全方位综合考评。

综上所述，中高职数学教学改革中引入通识教育理念，要结合教学实际情况选择合适的教学方法，持续推进教学改革，解决传统课堂教学中存在的问题，大幅度提高中高职数学课堂教学质量与效率。分析通识教育理念下推动中高职数学改革的措施，为社会输送高质量的技术人才。

第四节　生本教育理念下的高职数学教学

一、生本教育的概念及教学原则

生本教育的目的就是改变学校现有的教学理念，提高教学效率。简单来说，生本教育就是以人为本的教育，是将学生置于教学主体的教育理念，以生为本、尊重学生、自主学习、先做后学、先会后学、先学后教、少教多学、以学定教、不教而教就是生本教育的主要理念。跟传统的师本教学理念相比，生本教育是一种全新的、符合学生需求的教育理念；高度尊重学生，一切为了学生就是生本教育的唯一宗旨。在教学过程中，教师不要过多地干预学生的学习过程，应以培养学生的自主学习能力为主，教师在课堂上只起引导作用，而不是教学的主体。为学生创造学习情境，必要时给予学生适当的指导，引导学生自主学习，逐步强化学生的自我意识等是生本教育理念下教师的职责。因此，少教多学、先学后教、以学定教就是生本教育的教学原则。

二、高职数学教学以生本教育理念为指导的必要性

高职院校是培养技术型人才的重要基地，办好高职教育是提高我国技术型人才专业技能的重要途径。数学学习是绝大多数技术人才成长的"必经之路"，因此，高职教育要以生本教育理念为指导，促进高职数学教学的进一步发展。做好高职数学教学工作，培养高技能专业人才要求高职数学教学要坚持以人为本的生本教育理念，同时，生本教育理念又是高职数学教学良性发展的基础。人是行业发展的核心，决定着行业发展的方向和速度，高职数学教学只有做到以学生为中心、尊重学生，才能取得应有的效果。此外，生本理念有助于高职学生树立正确的人生观、价值观、世界观，这也

是在高职数学教学中贯彻生本教育理念的重要原因。对高职院校来说，只有正确定位学生、定位学校，才能有效地开展教学改革，提高教学质量。以学生为中心的生本教育能有效帮助高职院校了解学生的知识水平、知识结构、性格特点等，进而提高高职数学的教学效果。

三、生本教育理念下高职数学教学改革的策略

传统的高职数学教学虽然也能或多或少地对学生进行启发和引导，但这种启发和引导是建立在事先设计好的教学模式上的，忽视了学生学习新知识时最近发展区的构建，这就在无形中让学生失去了学习数学的兴趣。此外，由于高职学生数学基础比较薄弱，在高职阶段学习数学时就会比较吃力。传统的高职数学教学方法不能充分激发学生的学习兴趣，导致高职数学教学效率低下；学生的数学素养不高，最终导致培养的技术型人才素养较低，不能很好地完成工作任务。在这种情况下，以学生为中心的生本教育对改变高职数学教学现状、提高学生学习数学的兴趣是十分有效的。在生本教育理念的指导下，高职数学教学要积极主动地引导学生进行探究学习和合作学习，提高高职学生的学习主动性。

（一）营造张弛有度的数学课堂氛围

学习是一个发现问题、改正问题、获得知识的不断循环的过程。在此过程中，教师要张弛有度地管理学生，特别是在数学教学中，因为数学是一门科学，不是靠死记硬背或者题海战术所能学好的。学习数学不仅需要方法，更需要良好的师生关系和学习氛围。高职学生的数学基础比较薄弱，而高职数学又比较枯燥、复杂，所以，高职数学教师要为学生营造一种张弛有度的学习氛围。对于一些可探究的数学问题，教师可以让学生分小组自主探究，面对一些比较复杂的数学知识，就需要相对严肃的氛围，以激发学生的思维创造力，让学生高度集中注意力，提高学生的学习效率。

（二）激发学生学习数学的兴趣

俗话说："兴趣是最好的老师。"在数学学习中也是如此，只有对数学学习产生兴趣，才能学好数学，对于数学基础比较薄弱的高职学生来说更是如此。学习数学这门学科，需要有浓厚的兴趣才能学好、学精。因此，要想在高职数学教学中应用生本教育理念，高职数学教师在进行数学教学时，就要通过各种途径激发学生学习数学的兴趣。例如，积极向学生展示数学中所蕴含的美，如对称美、统一性之美等；还可以根据教学内容，利用多媒体等教学辅助手段为学生创造学习情境。对高职学生来说，如果在学习数学的时候有具体的情境作为背景，他们就能更快更好地学习数学、学会数学。例如，在学习向量这节内容的时候，教师可以利用多媒体向学生展示象棋棋盘，让学生体验"马走日、象飞田"的位移，以此让学生了解向量的概念、大小及方向。

（三）选准基点导入知识，让课堂变学堂

生本教育倡导的是先做后学、先学后教的教学原则，这就要求高职数学教师在进行教学的时候，在给学生介绍完基础性知识之后，让学生围绕问题体验数学学习，以前期所学习的知识作为基点，帮助学生掌握新知识。这就需要教师找到正确知识导入点，导入知识时做到"快、准、狠"。教师在选择知识导入点的时候，不仅要考虑到学生已经学过的知识，还要考虑到学生的其他实际情况，例如，生活环境、已有的知识经验、最近发展区等。在学习正切函数的时候，教师可以选择已经学过的正弦函数和余弦函数作为切入点。教师也要适时地将课堂变成学堂，发挥学生自主学习的能力和潜力，让学生在前置性学习之后获得讨论交流的机会，充分发挥学生的主动性；教师还可以让学生在讨论之后走上讲台，将得出的结论讲给其他学生听，并说明自己的理由，这样还能帮助学生深化学习的知识，锻炼学生的表达能力和合作能力。

（四）提倡学生自主学习

自主学习是生本教育大力倡导的，没有学生的自主学习，以学生为本的教育理念将会被架空，生本教育也就成为无稽之谈。因此，高职数学教师要改变传统数学教学中满堂灌的教学模式，给予学生自主探究的机会，实施自主内化的教学方法，贯彻"自主学习、自主探究、自主内化、自行巩固"的数学学习方式，帮助学生形成系统的数学知识结构网，这样能最大限度调动学生的学习主动性。需要注意的是，高职学生的数学基础比较薄弱，在自主探究学习的过程中很有可能会遇到很多障碍。因此，教师要针对学生的实际学习情况进行适当的指导，不能放任不管，否则会适得其反。例如，在学完三角函数的时候，教师可以利用学生剩余的精力，设置题目：三角函数是属于三角范畴还是函授范畴，让学生进行自主探究。

生本教育是一种以学生为本的教育理念，它从根本上要求教师改变传统满堂灌的教学方式，形成以学生为中心的现代教学理念。高职数学教学应用生本教育理念，不仅要让学生感受数学之美，对数学学习产生兴趣，还要发挥学生的主体性和自主探究能力，巩固知识，以获得高职数学教学效果的最大提升。

第五节　深度学习理念下高职数学课堂教学

数学本身就是一门逻辑、结构极为严谨的学科，职业院校学生在数学学习上容易走上两个极端：一类是学生主观认为数学非常复杂，没有真正接触这门课程的时候产生了畏惧心理，认为其中的知识点复杂且烦琐。另一类学生在高中阶段的数学成绩好，形成了良好的学习认知，所以认为知识非常有趣。而在新时期课堂教学反馈实践中，

要利用多元化教学方法调动学生的参与热情，并维持后者的学习动力，让高职学生能够进入深度学习的状态中。

一、学情分析

（一）学生情况

随着高职学校规模的扩大，生源也愈加复杂，学生的基础不同，对待学生的方式也存在一定的差异性，所以如何分类教学是重点。从数学课堂反馈实践情况来看，任何课程只有通过反馈信息，才能实现有效控制，同样，数学课堂教学中是否可以进行信息反馈，正确协调教、学的关系，这是提高五年制学生数学成绩的关键所在。

（二）学科特点

高职数学是一门必修课程，一方面，通过数学中的基本概念和解题技巧，使得学生能够掌握一些重要的技能，用于解决实际问题。另一方面，在各个教学环节中培养学生的推理能力和数学思维。高职数学实际上也是素质教育全面实施的一部分，对激发学生的创新思维具有促进作用，所以在课程设置上，不仅要覆盖基础知识，还应该确保专业的统一性，将不同层次的学生涵盖在内，具备选择性、灵活性。实用和创新兼并的课程体系主要体现在三方面：基础型（微积分学、积分学等）、扩展性（概率统计、积分变换等）、专题型（计算机数学实验）。从新课程的基本特点来看，这种课程体系既能培养学生的创造性思维，又能扩大数学知识信息储备。从运用效果来看，在导入知识的过程中结合具体案例，对实际问题进行综合性的探讨与分析，引导学生借助数学公式去寻得正确答案。同时，将现代化的数学理念融入课程体系中，例如，线性、数值化等问题，然后对基础性的知识点进行必要的扩展与延伸，这样也能培养学生的创新性。

二、深度学习理念下高职数学课堂教学反馈的实践策略

（一）从课堂反馈的主体出发——构建和谐的师生关系

教学活动中，学生是课堂学习的主体，需要主动参与到数学活动中，将课堂信息"内化"为自身的认识系统，教师的教是为学生所服务的，两者需要进行双向沟通，因此，课堂上激发学生的主动参与和思考，重视高职生的课堂反馈，并始终将反馈信息落实到教学过程。教师在课堂教学中，不仅要建立融洽的师生关系，还要营造出一种浓厚的课堂氛围，积极和学生进行交流，耐心聆听他们的想法，并对学生的相关情况积极进行反馈，如点头、重复阐述正确答案。当学生自主学习的时候，教师也要积极观察学生的作业完成情况，在自由、平等的关系中进行更为深入的探索与交流。

（二）从课堂反馈的目的出发——明确学习过程和结果

学习不能只是依靠表层的兴趣，而是应该找到持久的动力，这才是学习存在的价值，学生一旦有了学习上的动力，就会主动参与其中，即便是遇到挫折也不会放弃。结合职业教学的特点，教师从课堂反馈的目的出发，明确学习的过程和结果，例如，在"平面向量"的课堂教学活动中，教师首先让学生分析教材，从书中可以学到什么知识，接着大家相互交流，针对不懂的问题进行综合讨论。学生 A 直接复述教材中向量、矢量的概念；学生 B 直接说出向量的表示方法……实际上这些知识在教材中已经有简要阐述，教师片面地认为这些理论知识点学生可以通过自学获取明白。但是殊不知，学生只知道根据教材上知识点的形成来分析、了解到直观的部分，如若教师进一步提问，如向量 a 在点 x 与 3 上，向量 b 在点 -2 与 5 上，且向量 a，b 的夹角是钝角，求出 x 的取值范围？会回答的学生很少，这就表明大部分学生对知识的形成过程无法通过教材中静态的课本理解，而是需要凭借动手操作，逐渐实现知识内化。

简单的公式概念让学生通过记忆的形式，并将其应用其中，但是这样所学到的知识，学生只会生搬硬套，题目一旦变化就不知道如何解答。因此，教师组织一些实践活动，让学生认识到高职数学知识在现实生活中的应用价值，促进学生智慧的形成，并让他们认识到动手操作的意义，体会到成功所带来的乐趣。例如，在讲述集合定义的时候，教师引导学生主动列举生活中的实例，如漂亮的裙子、班委学生等，分析这些例子中的对象能否组成集合，接着用自己的话总结集合定义、特点，再次引导学生和教材中的案例进行对比。所以，学习抽象的数学概念时，不能按照教材上的案例，而是应该选择一些恰当且新颖的例子，这样就算真正掌握了数学知识。也就是说，教师在课堂教学反馈中，不仅要关注基础知识的获取情况，也要认识到数学知识的形成过程，主动培养学生的联想能力，关注他们思维的形成结果，处理教学反馈中学习过程和结果的关系。

（三）从课堂反馈的范围出发——明确全体和个体的关系

职业学校的数学课程应该以面向所有学生为主，使得每个人拥有适合的数学教育，不同的人在数学上也会有不同的发展，因此，高效的课堂教学也要关注全体和个体的双向发展。而且五年制学生文化基础差，年龄小，自主学习能力差，如若没有对学生的反馈信息加以分析，引导学生对关键内容进行有效整合、沟通，学生也难以认识到这些信息之间的异同点。例如，水流的方向是从东向西，其流速是每秒 2 米，水中有一艘船，流淌的方向是向北，速度也是每秒 2 米，算出轮船的实际航行方向和船流动的速度？a 为向西的方向，b 为向北的方向，且实际流速大约是每秒 2.8 米，实际航行的方向为西北。教师在教学中，应该让学生多结合生活素材，例如，在菜市场买菜，蔬菜的数量可以用向量 a 表示，价格可以用向量 b 表示，就可以算出应该付的金额。

　　这些案例在日常教学中的应用是非常普遍的，当学生给出了教师预设的答案后，不能匆忙结束讲解，而是应该根据反馈信息进行综合分析，给予学生充足的机会和时间，让学生的个性化思维得到全面展示。同样，教学过程中，将问题具体分析，从而提高每位学生解决问题的能力。教学方法上，要注重多形式的教学，可以让学生积极交流，遇到较难的平面向量题时，可以根据学过的正弦定理和余弦定理进行判断。深度学习理念下课堂反馈应该面向各个层次的学生，了解优等生、学困生的基本情况，结合教学目标制订较为完善的教学方案。除此之外，课堂反馈信息尽量建立在全面的基础上，提高对学困生的关注程度，在他们探索知识的过程中，将结果反馈给全班学生，不断提高他们学习的信心，实现全体和个别的有效双向发展。

　　深度学习理念下五年高职数学课堂教学效果的好坏很大程度上决定了教师课堂反馈是否恰当，数学教师应该结合学生的心理特点、兴趣爱好等，及时输送一些正确的信息，并根据学生反馈的信息进行有效处理，激发学生主动学习的欲望。只有这样，才能真正优化课堂教学，构建以学生为主的立体化数学课堂，彰显深度学习理念的实施价值。

第三章　高职数学教学方法

第一节　整合思想与数学教学

一、教学设计基本概念及理论基础

（一）数学教学设计

史密斯和雷根认为："教学设计是指运用系统方法，将学习理论的原理转换成对教学资料和教学活动的具体计划的系统化过程。"[①] 何克抗认为："教学设计是运用系统方法，将学习理论与教学理论的原理转换成对教学目标（或教学目的）、教学条件、教学方法、教学评价等教学环节进行具体计划的系统化过程。"[②]

数学教学设计指教师根据学生的认知发展水平和数学课程培养目标来制定教学目标，选择教学内容，设计教学过程各环节的过程。教学的目的是要缩小学生实际水平与教学目标之间的差异，学生的数学认知结构决定了数学教学过程的进程和层次，教学设计要使学生由不会学发展为会学，由依赖教师发展为部分依赖或不依赖教师。所以，数学教学设计的思路必须以学生当前状况及学习情况为起点，以目标为导向，综合有效利用各教学资源，设计人人能参与且主动参与的教学活动，并在教学活动中检验其学习成果。[③]

（二）数学教学设计理论基础——建构主义学习理论

建构主义学习理论的基本观点是：学习是个体基于已有学习基础（智力与非智力），在一定的情境下，通过主客体的互动，积极主动地建构个人心理意义的过程（皮亚杰）。

建构主义提倡在教师指导下以学生为中心的学习。数学认知结构是一个复杂的系

① 史密斯，雷根. 教学设计 [M]. 上海：华东师范大学出版社，2008.

② 何克抗. 教育技术学 [M]. 北京：北京师范大学出版社，2002.

③ 孟梦，李铁安."问题化"：数学"史学形态"转化为"教育形态"的实践路径 [J]. 数学教育学报，2018，27（3）：72-75.

统，它不仅包括数学本身的学科知识，而且受到生活经验和其他学科知识直接或间接的影响，导致数学学习过程中，不同学生对同一数学知识的理解也会有不同侧面以及深刻程度上的极大差异。学生只有自主参与学习活动，主动将新知识与原有认知结构建立联结，通过重组和改造形成新的认知结构。学生在操作、交流和智力参与过程中主动建构，循序渐进地同化新知识、阐释新意义。学习数学是一个主动建构的过程，学习者在一定情境中，对学习材料的亲身经验和发现过程才是学习者最有价值的东西。

（三）教学设计评价依据

教学设计的好坏主要体现在：是否激发了学生学习的动机，是否促进了学生的学习，是否完成了教学目标的要求。目标上，强调知识与技能、过程与方法、情感态度与价值观的三位一体，要关注知识技能的形成过程和学习方式的多样化。在构建主义学习理论指导下，一个好的数学教学设计，应该能激发学生学习兴趣、帮助形成学习动机，创设的情景符合教学内容要求，同时能提示新旧知识联系的线索，帮助学生建构当前学习内容的意义。在组织讨论与交流形式的协作学习时，教师对过程进行必要的引导，使之朝着有利于意义构建的方向发展。好的数学教学设计，要引导学生采用探索法和发现法构建知识的意义，引导学生主动收集并分析资料，引导学生大胆提出各种假设并努力验证。

学习时不仅要用大脑思考，而且要用眼睛观察，用耳朵倾听，用语言表达，用手操作。所以，一个好的数学教学设计，应该是能充分调动学生多感官协同工作的完美组合，能充分揭示概念形成的思维过程，揭示结论的发现过程，揭示问题解决的思路及探索过程。使学生通过学习，把握数学思想方法，形成数学能力，发展数学思维，提高问题解决能力。

二、整合思想下进行数学教学设计

整合的精髓在于将零散的要素组合在一起，通过某种方式彼此衔接，从而实现信息系统的资源共享与协同工作，最终形成有价值、有效率的一个整体。

（一）整合教学内容

教材是教学内容的主要来源，所以教师必须首先学透教材，要对教学重难点、新旧知识的连接点和生长点进行深入分析。在整合教学内容时需要对教材进行必要的删减或增补，对于繁、难、旧的内容进行适当取舍和重组，同时结合生活和专业中相关知识背景，创设相应问题情境激发学生兴趣、引起学生思考，引导学生自主探索、合作交流。内容安排上以由简到繁、由易到难、螺旋式上升的方式循序渐进地推进，要有利于学生主动建构新旧知识间的连接和意义。

教材限于篇幅和体系的限制，部分内容被简化甚至留白。整合教学内容，要故意把这些看不见的留白暴露出来，让学生经历"再创造"过程。做习题是使学生掌握知识、形成技能、发展智力的重要手段。教师若能对习题进行适当的延伸，以变式的形式对原有习题进行再创造，必然可以更深层次地挖掘和深化习题的丰富内涵，对培养学生思维的广阔性、灵活性和创造性都是大有帮助的。教师可以利用习题设计出多种形式的练习，将前后知识进行必要的串联，或启迪思路注重方法，或引申问题丰富内涵，或串联知识一题多解，或解后思考扩大成果，或归纳题型总结规律，让学生在做习题过程中进行有目的的思考，提高课堂效率且训练学生思维能力。

（二）整合教学方法

宏观上讲教学方法主要有：一是以语言形式获得间接经验的讲授法、谈话法、讨论法和读书指导法。二是以直观形式获得直接经验的演示法、参观法、这两种方法一般都得与语言形式的教学方法配合使用。三是以实际训练形式形成技能、技巧的练习法、实验法和实习作业法。"教学有法，教无定法，贵在得法"，每一种成型的教学方法都有其显著的优点和略显瑕疵的限制，教师实际教学时不能拘泥于采用哪一种固定的教学方法，而应把握各教学方法的特点、作用、适用范围和条件，以及应注意的问题等，遵循教学规律和原则，对教学方法进行系统整合优化使用。

整合教学方法受教学目标和内容、学生实际认知水平，以及教师个性心理特征等因素影响。只有选择最适合某课的教学内容、最适合学生的认知实际、最符合教师个性心理特征的教学方法，才能最高效率达成教学目标，使课堂教学达到一个相对完美的境界。整合教学方法最根本的依据是以学生发展为中心，能启迪学生学习的自觉性和主动性，帮助学生建构知识并获得知识和能力、情感态度的共同提高。重视被选方法的层次搭配、主次顺序、相互补充和彼此配合，综合分析后对教学程序进行最优化设计，使学生在规定时间内，以最少的时间和精力，获得最大的发展。

（三）整合信息技术手段

信息技术手段是指使用和优化信息系统的方法，包括多媒体网络技术、数学相关软件及电子教材等多种形式。信息技术与数学课程整合，是要将信息技术有机地融合在数学学科教学过程中，用来丰富数学课程资源和教学内容，完善课程结构，学生在教材为蓝本的基础上，得到更加全面和丰富的学习资源。将信息技术运用于课程实施过程，使得数学教学更加生动有趣和直观，更能贴合学生实际从而激发学生学习兴趣，并提高学生在信息获取、分析、加工、交流、创新和实践方面的能力，提高学生思维能力和解决问题的方法。

第二节　趣味教学与数学教学

"趣味是生活的原动力，趣味丧失掉，生活便无意义。既然如此，那么教育的方法，自然也跟着解决了。"[①]近代思想家梁启超提出趣味教育思想，他认为："要使学生喜欢数学，爱学数学，必须让学生觉得数学有趣。"[②]数学趣味教学以学生的心理情趣为主导，通过趣味数学，寓教于乐，激发学生的数学学习兴趣，提高学生自主学习动力，提升学生学习能力和数学学习效果。

一、数学趣味教学的价值

数学是一门研究数量关系与空间形式的科学，具有极强的抽象性，容易给学生一种单调枯燥的感觉，教师要设法趣化数学内容，优化数学教学方式，使数学课堂变得生动有趣，充分调动学生的自主学习欲望，提高学生学习数学的积极性。数学趣味教学主要具有如下价值。

（一）氤氲快乐自由氛围

传统数学课堂的应试教育味道较浓，教师以知识教学为主，以讲授灌输为手段，师生之间是单向的授受关系，缺少情感的交流，学生心理紧张压抑，课堂上师生互动交往较少，气氛比较沉闷。趣味教学能够氤氲快乐自由的氛围，通过各种方式使理性的数学感性化，让冰冷的数学充满温度，让数学课堂成为趣味课堂，这样学生的心情就愉快了，活动更自由了，主动与教师、同学互动交往。宽松的学习氛围，和谐的师生关系，课堂充满温情与活力，学生的学习欲望得以充分显现。

（二）提升数学学习质效

趣味数学课堂充满情趣，学生的学习心理达到最佳状态，学生乐于探究，真正变成学习的主人，学生的探究自主性得以充分发挥，进而提高学习效率。趣味教学不仅优化了师生关系，而且优化了教学方式；不仅让数学课堂充满乐趣，而且使数学学习更加轻松高效。丰富而有趣的数学探究活动，主动参与的探究式学习，让深奥难懂的数学知识变得简单易懂，使学生的数学思维得到充分激活，数学学习质效得以大大提升。

（三）催发学生创新潜能

"唯有创造才是快乐，只有创造的生灵才是生灵。"[③]创造性是趣味教学的一大特征，

---

① 梁启超 . 美的生活 [M]. 苏州：古吴轩出版社，2022.
② 梁启超 . 美的生活 [M]. 苏州：古吴轩出版社，2022.
③ 罗曼 · 罗兰 . 名人传 [M]. 北京：台海出版社，2020.

趣味教学以趣激创，为学生的个性发展提供了舞台，为学生创造种子的萌发提供了条件。趣味课堂环境宽松自由，推动学生积极思考进程，让学生插上想象的翅膀，助推学生发散思维，助力学生理解数学。趣味课堂教学方法与学习方法多样化，有利于学生自主创造，满足学生的创造欲望，催发学生的创新潜能，培养学生的自我创新能力。

二、数学趣味教学的策略

引趣是数学趣味教学的关键，数学趣味教学变革了传统的教学观念和教学方法，教师通过创新课堂教学手段和方式，以构筑快乐学习环境，激发主体探究性，激励自主创造性，提高教学质效性，提升学生数学素养[①]。笔者在教学中摸索出设置趣味情境、设计情趣活动、设法趣化评价等策略，实现有效引趣、以趣启智的效果。

（一）设置趣味情境

精彩课堂从情境开始，情境教学具有仿真性、趣味性、互动性等特点，旨在通过创设具有情绪色彩的场景，引发学生的情感体验，激发学生的好奇心，促进学生主动参与学习。基于学生心理是有效创设情境的关键，教师从学生的兴趣点出发，进入学生的内心世界，了解学生喜欢什么、需要什么，这样创设的情境才会更有效，才能更好地将学生引入情境，使学生不知不觉地自动进入情境，以主人翁的姿态积极投入学习。

（二）设计情趣活动

建构主义理论认为："学习应当是学习者主体的一种有意义的自主建构。"[②]这就要求教师为学生提供有趣而有意义的学习活动，让学生发挥学习的主体性，在有意义的数学活动中自主探究，在实践体验中理解，在理解的基础上构建。数学活动情趣化，旨在使枯燥的数学学习变得生动有趣，以激发学生的学习热情，促使学生积极主动地投入探究活动中。数学活动趣味化，还在于使复杂的数学简单化，助力学生发散思维，使学生在有效思考中揭晓问题的答案。

（三）设法趣化评价

教学评价是对教师的教和学生的学的价值判断，评价能够对教学起到诊断和激励的作用。评价学生是其中一个重要的方面，好的评价不仅能够促进学生知识、能力的提升，而且能够愉悦学生心情，点燃学生激情，增进学习动机，推进学习深入。

"兴趣是最好的老师。"趣味教学是数学教学的必经之路，教师谨记爱因斯坦的教诲，深刻认识趣味教学的价值，深入探究趣味数学策略，在数学课堂中实施趣味教学，巧妙引趣启智，让学生在趣味课堂中快乐学习，提升数学素养。

---

① 王海青.数学史视角下"数系的扩充和复数的概念"的教学思考 [J].数学通报,2017,56(4)：15-19.

② 马复.中国基础教育学科年鉴：数学卷 [M].北京：北京师范大学出版社,2013.

第三节　翻转课堂与数学教学

随着信息技术的发展，教学模式、教育技术手段也越来越多样化。慕课、微课、翻转课堂正逐渐成为教学形式的重要组成部分，学生通过网络平台，可以获取大量的学习资料，甚至可以获得相应的学习证明。在众多信息教学形式中，翻转课堂以它独特的优势，受到了教师与学生的欢迎。相比于慕课这种以自学形式为主，辅以网络交流、讨论的大规模网络开放课程，翻转课堂更适合课堂教学模式，尤其适合小班额教学，既有自学的灵活性，又有课堂教学的严谨性。

一、翻转课堂

（一）翻转课堂的起源

翻转课堂也被称为颠倒课堂，它起源于美国林地公园高中，推广于萨尔曼·可汗的可汗学院。该教学模式的首创者提出学生真正需要教师帮助的时候，是在遇到问题无法解决的时候，而基本知识的传授完全可以通过课下学生自学来完成。借助微视频教学，学生可以在课下的时间内完成基本知识的学习，并发现自己的问题；然后在课堂教学的过程中，让学生提出问题，并帮助他们解决。这就是翻转课堂的教学理念和教学模式。

（二）翻转课堂的结构

把传统的学习过程翻转过来，让学习者在课外完成针对知识点和概念的自主学习。课堂则变成了教师与学生之间互动的场所，主要用于解答疑惑和汇报讨论从而达到更好的教学效果。美国富兰克林学院数学与计算科学专业的罗伯特·陶伯特（Robert Talbert）教授经过多年应用翻转课堂模式进行教学后，总结出翻转课堂的结构。

（三）翻转课堂的特征

1. 内涵特征

翻转课堂以构建主义和掌握学习理论为指导，以信息技术为依托。教师要根据教学目标进行视频制作，学生在观看视频教学后要回到课堂上与教师进行一定的互动，师生之间要答疑解惑、探索交流，分享成果来达到预期的教学效果。它并没有完全脱离课堂教学，而是通过形式的颠倒激发学生的学习主动性。翻转课堂是对传统的教学模式进行了颠覆，从教师传授转化为帮助学生进行知识内化。

2. 结构特征

翻转课堂的结构特征体现在课堂时间的重新分配、教师和学生角色的转变。学生真正成为学习的主体，而教师成为学生学习过程的参与者，为学生提供资源信息、进行学习辅导和答疑。翻转课堂的理想状态应是学生在课堂上表现活跃，相互提问并解答，生生之间、师生之间交流充分、互动有效。翻转课堂的表现形式应是灵活多样的，根据学习阶段的不同、教学目标的不同，采用的多媒体形式、信息技术等都应随之变化。

3. 实际意义

翻转课堂是教学模式的转变，因为教学形式新颖，学生参与环节多，充分调动了学生学习的积极性，调节了课堂的教学气氛，提高了教学效率。同时，充分加强了学生的自主学习，不同的学生在学习的过程中产生不同的想法，提出不同的问题，在课堂交流环节进行沟通交流，使得学生更好地完成知识的内化。

二、翻转课堂与数学教学结合的必要性

翻转课堂为何要与数学教学结合，主要有以下这几方面的原因。

（一）顺应时代的发展趋势

现代化技术的蓬勃发展不仅对我们的物质生活产生了很大的影响，对教育的发展也带来了活力与变革。在以微课、慕课（Massive Open Online Courses，MOOC）等视频媒介的基础上，为顺应时代的发展，翻转课堂的教学模式也逐步地出现在各个国家的课堂之中。

（二）遵循新课改的要求

在传统的课堂教学中，教师重知识的传授而忽视了学生的主体性，但新课改要求"以学生为主体"，促进学生全面而有个性地发展。因此，新时代的教师应不拘一格，采用更有益于学生发展的方式，从而使学生在数学课堂教学中更能充分发挥其主体性作用。[①]

（三）翻转课堂自身的优势

第一，通过以互联网和计算机为依托，教师借助各种教育技术，制作短小精悍的教学视频，学生就能根据自身的时间和情况来安排和控制自己的学习。第二，学生通过在家或课外看教师的教学视频讲解进行学习，不用担心因为在课堂上分心而漏听了知识点，也不会因为是在课堂上集体授课而神经紧绷，有助于学生更热爱学习。第三，先让学生自主学习，教师再进行教学，教师可以根据学生自主学习的反馈情况了解学生疑惑的地方在哪里，从而更好地决定第二天教学的主要内容，实现线上、线下的结合。第四，学生在课后可以无限次重复地复习这些知识点，便于学生复习。

---

① 江楠，吴立宝. 积累数学基本活动经验的"五步"教学模式[J]. 内江师范学院学报，2018, 33（6）：40-45.

三、基于翻转课堂模式的设计与分析

基于翻转课堂模式的授课与传统教育不同，其教学方法采用以学生自主学习、讨论交流为主，教师教授为辅，充分体现以学生为主体的理念，在培养学生抽象思维能力的同时还提高了学生的合作交流、敢于提出问题的能力。具体的教学过程如下：

（一）课前

让学生自主选择合适的时间段结合课本进行学习，帮助学生更好地理解和掌握该知识点，并将学习中遇到的难以理解的问题、学习情况汇报至小组组长处，让小组组长汇报给教师，便于教师了解学生课前学习的情况，更好地决定和设计课堂上的教学内容和教学过程，充分利用课堂上有限的时间让学生提出自身的观点，帮助同学们答疑解惑，发散思维和提高合作交流能力。

（二）课堂

在课堂上，教师将课前学习的情况向学生进行说明，并将学生所遇到的问题一一列举在黑板上，教师在课堂上加以讲授辅导，帮助教师在完成教学任务的同时，还能让学生成为学习的主人，在培养他们抽象思维能力的同时，还能提高他们敢于提出问题、敢于质疑的批判性精神。

（三）课后

经过课前的微视频学习和在课堂上教师的讲授与师生之间的讨论交流这两个环节，学生在理解和掌握知识之后，自主完成教师所布置的作业，如若作业中存在尚不理解的问题与知识，可在微信群或者 QQ 群跟教师进行答疑，以便及时解决问题，也可多次反复观看微课视频，复习和巩固知识点。

四、基于翻转课堂模式的数学教学策略

（一）制作微课，编制合理的调查问卷，组建班级学习交流群

教师在正式上课之前，应提前制作好简洁精练的关于这一节课内容的微课视频和编制检测学生通过课前学习所掌握的知识程度的调查问卷，或者通过网络找出相关知识的学习视频，上传至微信群、QQ 群等这些已经组建好了的班级学习交流群中，并且要保证班里的每一位同学都已经加入了这个交流群，确保每一位学生都能接收到教师所下达的通知。这有助于翻转课堂教学的顺利实施，也是实现线上线下互动交流的重要桥梁。

（二）实行组长负责制，分发课前学习任务

交流群建立好后，实行组长负责制。根据班级人数情况，自由组合分成每组4~6人的小组，并选出每组的小组长，进行分组学习讨论，每位小组长还可以根据自己小组成员的意愿再建立一个小组学习讨论群，更便于小组学习讨论和交流。教师将微课视频和课前学习的要求、任务以及检测学生课前学习的调查问卷上传至班级学习交流群中，让每位同学按时学习，并将学习后觉得疑惑的地方经小组讨论后仍未能得到解决的知识点上报给小组组长，小组组长及时记录并提醒学生填写检测课前学习情况的问卷调查。

（三）根据学生反馈的情况，制订课堂教学计划

小组长将各自组员课前学习的情况以及调查问卷汇报给教师，教师可根据每位组长汇报自己组员觉得疑惑的知识点和每位学生填写的问卷调查，去了解每位同学的课前学习情况，从而更好地决定和计划好课堂上的教学过程以及要讲授的重难点内容，并鼓励学生主动提出自己觉得困惑的疑难点和对这些问题解决的想法，鼓励学生敢于提出和质疑其他的观点，师生一起探讨和交流，形成浓厚的课堂学习气氛，在充分体现学生的主体性，让学生成为真正意义上的学习的主人的同时，还提高了学生敢于发现问题、提出问题和解决问题的能力和批判性精神的培养，有助于学生在听取他人观念的同时，又能取其精华，去其糟粕，拥有自己独特的思想和观点，提高其创新性思维。

（四）布置课后作业，帮助学生查漏补缺

课后作业也是数学教学中的一个重要环节。合理设计布置的课后作业不仅可以检测学生的学习成果，还可以提高学生的自我认知水平，清楚地了解到关于该知识点自己的掌握程度以及依旧存在认知困惑的地方，若能及时请教教师和同学帮助其解开疑惑，也能有效地促进学生对自己学习方法和方式的反思，帮助学生寻找到适合自身的学习方法。除此之外，教师通过布置课后作业，还可以帮助学生巩固所学知识。通过作业正确率提高学生的自信心，从而激发学生的学习兴趣，进而提高数学课堂的学习氛围。可见，不管是传统课堂，还是基于翻转课堂的数学教学中，课后作业的布置环节都起着至关重要的作用，是教师不可忽视的一个重要环节。

（五）及时为学生答疑解惑，了解学生掌握知识的程度

学生在完成课后作业后，如若还存在着疑惑的问题，可通过班级学习交流群或者小组的学习讨论群向教师和同学进行咨询，及时解开疑惑，防止出现因问题得不到及时解决而导致今后学生得到的知识片面化和浅显化，也防止学生出现对学习态度的消极转变等问题。在基于翻转课堂的数学教学中可以很合理地处理好这些问题，改善以往传统教学中学生遇到问题而寻解无门的情况，在提高学生学习热情的同时，也更方便教师了解学生掌握知识的程度，更好地促进师生间的交流，让学习和交流不仅仅可以发生在课堂上，在课堂之外也依旧可以，促进师生共同进步、共同成长。

翻转课堂教学模式的普及需要以网络与手机、电脑等移动通信设备为基础，只有在这些媒介的帮助下，才能顺利地开展翻转课堂教学。因此，随着时代的发展和经济、科技的日益进步，这些媒介的普及得以实现，那翻转课堂教学模式也有可能遍及到世界的每一个角落里，普及到每一个学生身上。

未来的数学课堂可能会逐步发展为小班制，一个班级只有 10 个左右的学生，充分体现学生的主体性的同时，也方便教师因材施教。

随着增强现实（Augmented Reality，AR）与虚拟现实（Virtual Reality，VR）技术的不断发展，未来可能将这两项技术用于数学课堂，让学生不仅仅停留在二维的维度中，可以去观察和探索三维空间的图形或者图像，实现数学课堂信息化，有助于基于翻转课堂的数学教学的课堂学习气氛和提高学生学习的兴趣。

五、数学建模的翻转课堂教学

在当今科技突飞猛进的时代，数学的应用越来越广泛，可以说现在很多学科都已由定性研究变为定量研究。从研究问题背景出发，收集数据，假设并建立了数学模型，对模型进行分析、改进、检验，利用计算机进行求解，应用于实践进一步再修改，直到达到完善的程度。这说明，在现代的科学技术中，只有借助于数学，才能达到应有的精确度。

数学建模是用数学的语言通过建立模型去解决实际问题的一种手段。它是对现实客观现象本质属性抽象而又简洁的一种模拟，即可对现实问题做解释说明，又可为某一现象发展提供最优方案。数学建模课程教学内容是非常多的，涉及领域较广，但存在授课学时有限，学生知识结构和能力水平参差不齐等问题，仅靠传统的讲授式教学方式已经远远不能达到我们预期的教学目标。仅靠课堂教学想让学生获取所需要的技能、对知识完全消化理解也是不现实的，传统的课堂教学已经很难满足数模人才培养的需要。在计算机技术迅猛发展的今天，科学合理地利用微课等新型教学手段以及互联网等传播媒介，采取翻转课堂等新型的教学模式能够有效地解决这些问题。在教学中，要不断地利用互联网等手段并寻找有效的教学方法、教学手段以提高教学质量。

教学方法、教学手段等要与时俱进，跟上时代的步伐。教学方法、手段有创新，不再是传统的一支粉笔、一块黑板、满堂灌的教学模式，给学生留有独立思考、独立学习的时间，注重引导学生自己独立思考问题、讨论问题、解决问题。遵循精讲多练的原则，讲要抓住问题本质、引人入胜。练要练得有的放矢，调动学生自己解决实际问题的积极性，让学生在教师的启发引导下，通过自身努力研究、探索，培养学生勇于实践勇于探索的精神和解决实际问题的能力。翻转课堂改变了传统的填鸭式教学模式，学生由被动学习变为主动求知者。

　　在翻转课堂教学中，学生利用网络信息技术转变为课堂上的主动探索者，教师的角色变为课上的组织者。这种教学模式分为课前、课上、课后三个阶段。课前准备部分，主要是教师制作教学视频，发布教学微视频给学生自主观看学习。教师在课前要根据自己的教学内容、教学经验制作教学视频，教学视频内容的选择要尽可能贴近生活，生动有趣，准备充足且高效的适合本班学生的材料，这将极大地促进学生的学习积极性，有助于培养学生创新能力和应用能力。学生通过解决这些身边的实际问题来学习利用数学知识，不仅带动本课程的学习热情，更能激发学生进行科学研究的兴趣。课上活动主要包括师生共同分析问题，讨论问题，然后学生独立解决问题，开展协作探究活动等。

　　在课后学生看教师的视频讲解，学生可以自由地选择观看视频的时间、地点，在规定的时间段内观看完即可，这也是因材施教，层次好的学生看一两遍就能掌握学习内容，层次稍差的学生可以多观看几遍视频，不像在课堂上不同层次的学生都听教师讲一遍。学生自己观看视频的节奏快慢完全在自己掌握，听懂了的快进跳过，没懂的倒退反复观看，边看边思考，也可停下来做记录，随时可以发有关视频内容的问题的帖子来寻求帮助。翻转课堂的好处就是全面提升了教师与学生之间的互动，让学生必须主动参与到学习中，如果不观看视频，在课堂上就无法参与讨论，而教师通过课堂上学生的反应，讨论情况，也很容易就掌握了学生是否认真地观看视频并进行独立的思考。及时掌握学生的学习情况，尽快地做出调整。教师的角色已经从内容的呈现者转变为学习的教练，教师需要针对学生观看视频的情况以及学生在网络平台上所反映出的问题进行答疑解惑，这让教师有时间与学生交流。

　　为了满足社会发展对人才的需求，在教学改革中，一直提倡把学生被动的学习变为主动学习者，要把学生培养成应用型的人才，提高学生的动手操作能力，提高学生分析问题、解决问题的能力，把所学用到解决实际问题中，以适应社会的需要，培养学生的创新意识和应用能力。通过解决实际问题来学数学、用数学，并密切结合计算机来进行学习的全新模式。利用所学的方法和技巧，让学生独立完成研究型小课题，以提高分析问题和解决问题的能力。

　　"翻转课堂"之所以能被广泛地应用于教学中，主要是因为课堂讨论让学生主动参与到学习中。在翻转课堂教学中，能体现出学生的主动性，突出学生是学习的主体，如果学生在学习中缺乏主动性，翻转课堂中的学习将无法进行。

第四节　核心素养与数学教学

　　数学在形成人的理性思维、科学精神和促进个人智力发展过程中发挥着不可替代的作用。数学教育承载着落实立德树人根本任务、发展素质教育的功能。随着数学课程改革的深化，培育学生的数学学科核心素养已成为数学课程的重要目标。在数学教学中，如何培育学生的数学核心素养，促进学生的全面发展，已成为数学教育工作者的重要使命。数学教学设计是对数学教学活动做出的系统规划和安排，对数学课堂教学起着统领的作用，基于数学学科核心素养开展数学教学设计，是数学教学能否落实数学核心素养的关键。本节将从数学教学设计的主要环节出发，对如何基于数学学科核心素养进行数学教学设计，进而实现有效教学做一些探讨。

一、数学教学目标的确定，要分析内容包含的数学核心素养

在教学设计中，确定什么样的教学目标是教师首先要思考的内容，它不仅制约教学过程的设计，也关系到教学方式方法的选择，同时，也是教学评价的重要依据。数学学科核心素养是数学课程目标的集中体现，是具有数学基本特征的思维品质、关键能力以及情感态度与价值观的综合体现，是在数学学习和应用过程中逐步形成和发展的。因此，在数学教学中结合教学内容，发展学生的数学核心素养，应成为数学教学目标的重要内容，教师在教学设计过程中确定教学目标时，要能对教学内容包含的学科核心素养进行分析，并有具体的描述。

首先，教师要对数学学科核心素养的内涵有深入的理解。研读课程标准与教材是做好教学设计的前提，在开始教学设计前，教师要通过对数学课程标准的学习，对数学学科核心素养每一个方面的内涵、表现和不同水平等有清晰而准确的认识。数学学科素养包括数学抽象、逻辑推理、数学建模、直观想象、数学运算和数据分析等六方面，其中前三个素养是数学学科基本特点的反应，即数学具有抽象性、逻辑的严谨性和应用的广泛性。几何直观、数学运算、数据分析则分别与图形与几何、数与代数、统计与概率三大学习领域相对应。对于具体一节课而言，教师要在研读教材后，结合学习领域特点，以及它在整个数学知识体系中的位置与作用，分析本节课包含的数学学科核心素养。每一个数学学科核心素养既相对独立，又相互交融。有些课可能重点是某一个核心素养，有的可能包含多个核心素养，教师在设立教学目标时，要结合教学内容有所侧重。

其次，教师要能运用恰当的行为动词对数学核心素养目标进行具体表述。当确定了某节课所包含的主要数学核心素养后，还要通过恰当的方式将其在教学目标中表述出来。教学目标作为一节课要达到的目标，其陈述应尽可能明确、可操作、可观察，有些还要可测量，不能过于空泛。教学目标中对数学学科核心素养的描述，应从数学核心素养的表现和不同水平出发，以学习者为主体，运用恰当的行为动词进行具体表述。如教学目标中如果有关于数学抽象素养的内容，不能简单表述为培养学生的数学抽象素养，可以结合行为动词和教学内容，表述为形如"能在熟悉的情境中抽象出某

个数学概念"① 等较为具体的形式。

最后，教师要对三维目标和核心素养的关系有明确的认识。从目前数学教师教学设计中对于教学目标的描述来看，绝大多数教师都是从"知识与技能、过程与方法、情感态度价值观"三维目标来思考和呈现，从数学学科核心素养视角思考的较少。为此，教师需要对三维目标与核心素养的关系有一定的认识。从形成机制来讲，核心素养来自三维目标，是三维目标的进一步提炼与整合，是通过系统的学科学习之后获得的；从表现形态来讲，核心素养又高于三维目标，是个体在知识经济、信息化时代，面对复杂而不确定的情境，综合应用学科的知识、观念与方法解决现实问题时所表现出来的必备品格和关键能力。三维目标不是教学的终极目标，而是核心素养形成的要素和路径，教学的终极目标是完善人的品格和能力。明确了这一点，教师在确定数学教学目标时，才能正确理解三维目标和数学学科核心素养目标的关系，使得教学目标能围绕数学学科核心素养的培育来深入思考，并将其体现在教学设计中。

二、数学教学过程的设计，需贯穿"四基"与"四能"

数学教学过程设计是数学教学设计的主体，是对数学教学环节和步骤的思考和安排。一般的数学教学过程设计，重点围绕"双基"（基础知识与基本技能）展开，随着对学生数学学科核心素养的关注，以及未来对学生的创新实践能力的要求，教学过程中仅仅关注"双基"是不够的，还要向"四基"（数学基础知识、基本技能、基本思想、基本活动经验）与"四能"（发现和提出数学问题的能力、分析和解决问题的能力）发展，这就要求教师在数学教学过程的设计中，必须贯穿"四基"与"四能"的要求。

对"四基"而言，前两个方面教师比较熟悉，因此，重点应落在如何让基本思想与基本活动经验落实在教学过程中得以体现。教材是教师教学的重要依据，其中基本知识与基本技能基本处于基本状态，并且可以直接考核，而基本思想更多的则是隐藏在教学内容的背后，作为一条"暗线"存在于教材之中，需要教师通过研读教材，将其挖掘出来，并在教学过程中给以重点设计。

对学生"四能"培养的过程中，教师一般对于学生分析问题和解决问题的能力比较重视，对于学生发现和提出问题的能力则相对淡化。在教学设计中，教师要认识到发现和提出问题对于学生批判性思维的形成和创新实践能力的重要性，并围绕它做出具体的课程设计。尽管近年来在学校教材中有关培养学生发现和提出问题的内容有所增多，但在教学过程设计中，多数的教师都担心学生发现不了问题，也提不出有意义的问题，常常忽略让学生发现和提出问题的设计。因此，在实际教学中，新的课题或要研究的问题基本由教师自己提出，教学的重点是让学生去分析和解决问题。对学生而言，没有深入的思考，就不会发现新的问题，没有问题意识就不可能提出问题，在

① 王富英，吴立宝，黄祥勇 . 数学定理发现学习的类型分析，数学通报 [J].2018, 57（10）: 14-17.

教学过程设计中，教师要通过创设问题情境等多样化的手段，促使学生发现和提出问题，使得学生的数学核心素养得到培养，最终能达到"会用数学的眼光观察世界，会用数学的思维思考世界，会用数学的语言表达世界"[①]。

三、数学教学方式的选择应关注学生学习方式的转变

教学方式是实现教学目标的手段，在教学设计中，需要结合教学内容的特点以及教学目标的达成，选择适当的教学方式。教学是教师的教和学生学的两者结合活动，当教师选择一定的教学方式时，对学生而言，就意味着已经选择了相应的学习方式。因此，基于数学核心素养的数学教学设计，在选择教学方式时，不仅要关注学生数学能力的培养，还要关注学生数学学习品格的形成，通过数学教学，使学生能够养成良好的数学学习习惯，掌握适合自己的数学学习方式，学会学习。

首先，通过组织数学探究，培养学生勇于探究的精神。数学教学是在问题驱动下展开的，其过程充满了探究性，为此，在数学教学方式选择时，可以结合教学内容特点，组织有效的探究学习活动，培养学生探究精神。尽管从一些教师的教学设计来看，里面包含了很多探究的元素，但从课堂上探究教学的组织与实施来看，数学探究教学还存在较多问题。教育部 2022 年印发的《义务教育数学课程标准》指出："学生的学习应是一个主动的过程，认真听讲、独立思考、动手实践、自主探索、合作交流等是学习数学的重要方式。教学活动应注重启发式，激发学生学习兴趣，引发学生积极思考，鼓励学生质疑问难，引导学生在真实情境中发现问题和提出问题，利用观察、猜测、实验、计算、推理、验证、数据分析、直观想象等方法分析问题和解决问题；促进学生理解和掌握数学的基础知识和基本技能，体会和运用数学的思想与方法，获得数学的基本活动经验；培养学生良好的学习习惯，形成积极的情感、态度和价值观，逐步形成核心素养。"但在实际教学中，教师能留给学生自主探究的时间则少之又少，且缺乏过程性，有的看似探究，但学生还没有深入讨论和探索，探究活动就草草收场，这种探究只有形式，却没有实质内容，本质上与教师讲授没有区别。

其次，通过设计合作学习，培养学生与人合作、批判质疑的精神。学生的学习方式有个体学习、小组学习与全班共同学习等多种形式，问题解决在数学学习中占有很大的分量，当学生要解决的问题比较简单时，学生可以通过自己的独立思考去完成。但当出现学生个人独立解决起来有困难时，教师需要及时将学生分成学习小组，让学生在小组内通过讨论和同伴互助完成学习任务。合作学习在促进学生数学知识建构，开展数学交流，形成合作意识与批判精神方面有重要意义。如数学建模素养的培养，必须让学生在游泳中学游泳，在建模中学建模，在经历中体会数学建模的方法与过程中，提高解决问题的能力。这类问题综合性强，学生要经历发现和提出问题、建立和

---

① 中华人民共和国教育部：普通高中数学课程标准，人民教育出版社 2018.

求解模型、检验和完善模型、分析和解决问题等过程，学生独立解决起来难度较大。当教师让学生以小组为单位去完成数学建模时，不仅可以培养学生的合作精神，发挥团队解决问题的优势，还可以化解学生数学学习的焦虑，提高数学建模的效率和质量，使得学生的批判性思维和创新实践能力得到很好的培养。

四、数学作业设计，从单一向多元化发展

数学作业设计是数学教学设计的重要组成部分，它对于学生巩固所学知识，强化知识的运用有很重要的意义。在数学教学设计中，作业往往不被教师重视，甚至很少有设计的概念，多是将教科书或教辅资料上的习题布置给学生，要求学生以书面的形式完成，内容多以解题为主，总体来看，数学作业的形式和内容都比较单一，学生完成它的兴趣低落。从培养学生数学核心素养出发，教师对于数学作业应加大设计力度，使作业从单一向多元化发展。

数学除了有抽象性的一面，还有很强的应用性，教师要在书面作业的基础上，结合教材内容，设计和布置一些如小研究、小调查等与实践有联系的实践性作业。通过实践性作业，不仅可以促使学生将数学与生活联系起来思考问题，促进数学知识的理解与学习，还可以使学生把所学的数学知识和其他学科知识结合起来解决生活中的问题，使学生的数学核心素养得到提升。如数感是学生重要的数学素养，但由于学生生活经验缺乏，单靠书面作业很难建立良好的数感。为此，教师可以设计这样的实践性作业：估计你家里某个物体的长度，然后再用尺子测量它的实际长度并且记录下来。学生要完成这个作业，必须经历先估计，然后再测量的过程，在此基础上再做出比较和判断，作业的实践性和开放性非常强。学生在完成作业的过程中，首先选择感兴趣的物品，还要动手去度量，这与度量教材上有关物体（图片）的长度或纯粹的单位换算题目性质完全不同，学生做起来兴趣相当浓厚。有的学生测量自己床的长和宽，有的测量自己书桌的长、宽和高，有的测量家中汽车的长和宽等。学生通过估计和实际测量，不仅对长度单位有了良好的数感，而且对不同长度单位也有了直观的认识，为学生今后正确使用合适的长度单位奠定了良好的基础。

随着作业类型的变化，交作业的形式也要随之发生变化。如在学习了观察物体后，教师设计的作业是：选择一件自己喜爱的物品，从不同的位置（前面、左面、上面）观察进行拍照。学生通过从不同方向拍照，联系生活实际，很好地理解了从不同方向看物体的意义。由于本次完成的作业是一个照片，上交的形式也可以多样化，如可以让学生将拍摄的照片打印出来粘贴在作业本上，也可以让学生通过电脑或手机发送给教师，也可以让学生拷在 U 盘上带到学校。总之，这样的作业不仅生动活泼，富有个性，而且节省了学生的时间，促进了学生的理解，同时方便教师批阅。当有学生将作业通过网络方式发送给教师时，他完全可以在课堂上打开学生的作业，现场进行点评。

这时，每个学生的作业就像一幅独特的作品，变成了教师教学生动的生成性资源，通过在全班分享，使更多的学生从别人那里受到启发。最后，对于完成作业的时间也应有灵活的处理。多数的数学作业，大多是当天布置，要求学生必须第二天完成，对于实践性作业，教师要视作业的实际情况，有灵活的上交时间。如在学习了统计的知识后，教师设计的作业为：统计自己家里一个月使用塑料垃圾袋的数量，并用适当的统计图表呈现出来，在此基础上，从环保的角度出发，给家长提一条合理化建议。学生完成作业需要记录一个月垃圾袋使用情况，教师给学生完成作业的时间至少要五周，学生才有可能如实记录，并完成统计和分析工作，进而保质保量地完成实践性作业，使得学生数学核心素养的培养真正落到实处。

第五节　分层教学与数学教学

数学相对于其他学科来说是比较难学的，在教学实践中数学老师也发现数学课是比较难教的，这是学生的数学基础参差不齐造成的。数学老师常常有这样的感想，对于老师精心准备的每堂数学课，有的学生感觉太容易，有的学生感觉太难，这就造成了有的学生吃不饱，有的学生吃不消。这样的课堂持续下去，后果就是学生的学习兴趣和积极性被严重打击了，教学效果越来越低，那么我们应该怎样解决这样的恶性循环呢？分层教学就是很好的解决办法。

一、数学教学中分层教学的实施前提

（一）智力与非智力因素的影响

每个学生的智力、学习能力、接受能力、学习兴趣等是不同的，那么学生能否学好数学就会受到智力因素和非智力因素的影响，因此学生的个体差异性就必然要求数学课教学中应该实施分层教学。而实际上分层教学也是符合素质教育的发展趋势的。

（二）提高学生的思想认识

在相同的班级内数学的授课方式和教学分层次进行，这样的教学方式会引起数学成绩差的学生的心理进一步地产生自卑感，因为他们认为教学方法和优等生的都不一样了，从而让他们感觉到老师不再管他们了，这样就会导致差生自暴自弃，学习的信心更快地下降，甚至消失。对于学习好的学生来说，他们会认为教学方法和差生的不一样，就会产生很强的优越感，有的就会骄傲起来，自大起来，学习的主动性和积极性就会降低，那么最后的结果就是学习的退步！因此，在实施分层教学前要对学生进行思想教育，让他们认识到分层教学的必然性和必要性，并告诉他们分层教学的对象不是一成不变的，只要基础差的学生能跟上了，能达到优等生的数学水平了，那么他们也是可以和优等生用相同的教学方法的；如果优等生退步了，就会和差生用相同的教学方法。学生们的认识提高了，就会力争上游，就会努力学习，就会有拼搏精神。

二、对分层教学的对象进行分类

对分层教学的对象进行分类不是为了把学生分成三六九等，是为了了解不同学生具有的学习基础、接受能力等，从而把他们分成几类，明确每类学生应该采用什么样的教学内容去教。这在客观上把分层教学的对象划分得更科学，从而使不同层次的学生都能达到进步。可根据数学基础的不同、数学考试成绩的不同、学习态度的不同、理解和接受能力的不同，把全班的学生大致划分为三个群体：

（1）数学成绩较差的、数学的基础知识和理解能力较弱的、没有学习数学的信心，更缺乏学习的主动性和积极性的学生作为一个群体。

（2）数学成绩处于中等水平，但有一定的学习自觉性和上进心，理解能力和接受能力还可以的学生作为第二个群体。

（3）数学成绩比较优秀而且成绩能保持稳定，具有积极的上进心，自我学习的能力很强，数学知识比较扎实，理解能力和接受能力都很强的学生作为第三个群体。

这样把全班学生分成上中下三类的分类方法，能更好地对不同层次的学生进行因材施教，从而充分发挥出分层教学的优势。

三、分层教学目标和任务的制定

分层教学就是对不同层次的学生实施不同的教学方法，从而使不同层次的学生达到不同的教学目标和任务。针对三个层次的教学对象制定的教学目标和任务分别为：对于数学成绩差的学生，要采取一切教学手段使他们对数学的学习感兴趣，帮助他们学会应用正确的方法学习数学，巩固他们的数学基础知识，并教给他们解题的方法，让他们养成良好的学习习惯。[①] 对于数学成绩中等的学生，在学生掌握数学基础知识的前提下，多教给他们一些解题的方法和技巧，提高他们对定理、原理、公式的理解和运用，从而使他们的解题能力得到更进一步的提高。对于数学成绩好的学生，要拓宽他们的视野和知识面，要多在数学知识的广度和深度上提高学生的能力，加强数学思维能力的训练，提高他们举一反三、一题多解、一题多变的能力。

这样的三类教学目标能从根本上保证不同层次的学生都能从分层教学中得到益处，从而在已有基础上更进一步地提高数学成绩，提高数学的解题能力。

---

① 王树禾. 数学思想史 [M]. 北京：国防工业出版社，2003.

四、每个教学环节中都应实施分层教学

分层教学涉及数学教学的各个环节，在备课中、教学中、训练中、复习中、评价中等每个环节上都要贯彻分层教学，只有这样的分层教学学生才能从中获得科学与合理的训练和培养，才能提高数学教学的实际效果。

（一）备课

数学老师在备课中要根据教学大纲和课堂的教学目标，考虑不同层次学生的实际情况，应准备好不同的教学内容、不同的教学方法，使在课堂上实施的分层教学能够顺利地开展。

（二）教学

老师应熟练掌握教学大纲和每节课的授课内容，在对知识的讲解上要能把握好分层教学对象对深度和广度的不同要求，以使大多数学生能掌握课本上的基础知识和解题需要的基本技能，并能运用概念、定理、公式等解决简单的数学问题。除了让学生掌握好基础知识外，更要培养和提高他们的数学学习兴趣，告诉他们一些学习数学的简单方法，这在一定程度上能培养和提高学生的数学能力。对于吃不饱或吃不消的学生可以通过一些特别的教学环节，对他们进行一定的辅导，从而消除这两个极端。

（三）训练

在习题的训练中可通过对习题的深度、考查的范围、数量的多少的控制达到分层教学的目的，更可以指定那个层次的学生练习对应层次的试题。数学基础差的学生练习的习题应强调对基础知识的运用和基本技能的掌握。对于成绩中等的学生，对于习题的训练要能在掌握双基的基础上，提高习题的难度，以促使他们多运用学到的数学知识解题。对于成绩好的学生的习题训练，可减少习题的数量，但要加大习题的难度，多给些创新性的试题，培养他们的思维过程，让他们进行更多的探索与研究。

（四）评价

对学生更好的评价方式就是考试，通过考试可以知道学生对知识的掌握程度，对于这三类学生，在出题时要难度分开，不同层次的教学对象给予不同难度的试题。这样就能增强中等生和差生的学习信心，就能使他们感觉到他们真的进步了；对于优等生就会使他们认为，要想考试得到高分，还得继续努力学习。

总之，分层教学能使因材施教得到更好的贯彻，可使不同层次的学生都能从教学中获得益处，从而在原有基础上达到不同程度的提高。但我们也应认识到提高学生对分层教学的思想认识也是非常必要的，只有提高了学生的认识才能保证分层教学的顺利实施和得到应有的教学效果。

第四章　基于专业服务的高职高等数学教学改革研究

第一节　高职数学教学改革研究的依据

高等数学作为公共基础课，不仅能提高学生的综合素质，为后续专业学习提供必要的工具，也为培养专业技术人才应用能力提供了保障。严士健、张奠宙、王尚志等教授认为："数量意识和用数学语言进行交流的能力已经成为公民基本的素质和能力，他们能帮助公民更有效地参与社会生活。实际上，数学已经渗透人类社会的每一个角落，数学的符号与句法、词汇和术语已经成为表述关系和模式的通用工具。"[①] 高职数学课程教学可以训练学生的职业能力，促进学生职业能力结构化；课程要充分体现"必须够用，服务专业"的原则，为学生专业成长和持续发展服务。

一、理论依据

高等职业教育是国民教育体系的重要组成部分，是高等教育中具有较强职业性和应用性的一种特定的教育，是一种新的教育类型，其自身的发展也有一个过程。高等职业教育的特点、培养目标直接决定着高职课程内容与课程标准，高职高等数学教育教学要在满足学生素质发展要求、保持高等教育层次的前提下，更加关注学生职业能力的培养，为学生从业与就业奠定基础。因此，在基于专业服务的基础上，深化高等数学教学改革，推进高等数学课程教学资源库建设进程，对培养学生的综合素质、创新能力、分析解决问题能力以及提高职业教育教学质量都有着十分重要的意义。

（一）建构主义理论

建构主义理论认为，作为认知主体的人在与周围环境相互作用的过程中建构关于外部世界的知识，离开了主体能动性的建构活动，不可能使自己的认识得到发展。其一，在建构主义看来，个体学习不可能以实体形式存在于个体之外，只能由学习者个体基

---

① 严士健,张奠宙,王尚志.《普通高中数学课程标准（实验）》解读[M].南京:江苏教育出版社,2004.

于生活中形成的经验背景建构新的知识技能，是学生在已有经验的基础上，主动选择、加工、建构信息的过程。因此，高职数学课程教学要提供有利于学习者认知发展的认知工具，尽可能地创设有利于学生学习的情景，构建以学习者为中心的教学情境，激励学生的内在潜能去自主探索。其二，认知主体的认知既是个体内部的建构，同时也是社会建构。知识是具有社会属性的，必然会受到一定社会文化环境的制约。因此，学习是在一定的情境脉络下，知识的社会协商、交互及实践的产物。学习过程的发生、发展是一定意义的社会建构，这些特性必然决定了高等数学教学要有助于学习者交流，提倡在真实的情境中通过建立学习共同体，达到个人与团队之间观点、经验的交互，进而提升个人的知识理解；重视学习者的亲身参与，强调真实的学习活动和情境化的教学内容。

（二）多元智能理论

多元智能理论承认人的个别差异，认为人的智能是多元的、开放的，还坚持人的智能只有领域的不同，而没有优劣之分、轻重之别。每个学生都有各自发展的潜力，只是表现的领域不同而已，多元智能理论关注学生起点行为及个体优势，强调学生潜能的发挥。

多元智能理论不仅有利于我们深入认识高等职业教育的特点，而且对于数学教学领域的发展也将注入新的活力。从某种意义上说，基于专业服务的数学教学符合职业教育的人才培养特点，是实现开发潜能、发展人的个性的主渠道。针对职业院校的培养对象，要考虑到教学目标的定位必须明确化、教学内容的传授方式也必须转换，教学方法必须适合形象思维而非逻辑思维，教学场所也应该实现多功能化。

成功智力是个人获得成功所必需的一组能力，由分析性智力、创造性智力和实践性智力三部分组成。高职教育具有的明显的生产性、职业性和实践性等特点决定了其培养的人才除了具有学业智力以外，还要具有良好的职业能力，对其职业能力的发展起重要作用的是实践性智力，而经验又是实践智力的重要影响因素。因此，我们要在了解学生基本情况的基础上，尽可能地发挥经验对智力发展的积极影响，在兼顾学生学业能力发展的基础上，更应强调具体工作和生活实践对高等数学综合运用能力的培养，应建立以开发多元智力为基础，以发展学生的职业技能为重点的教学体系。

（三）情景学习理论

情景学习理论强调知识与情景之间交互作用的过程，视知识为一种基于情景的活动，是个体在与环境交互过程中建构的。首先，学习者在情境中通过活动获得了知识，通过动手实践掌握了技能，同时认为学习是情境性活动，学习被理解为是整体的、不可分的社会实践，是现实世界创造性社会实践活动中完整的一部分。其次，情景学习还融入了社会建构主义与人类学观点，从参与的视角考虑学习，认为学习者应是完整的人，这不仅表明与特定活动的关系，还暗示着与社会共同体的关系。最后，情景理论认为，个体通过合法的边缘性参与获得学习共同体成员的身份。从情景学习理论中，我们可以获得以下启示。

首先，要促进知识向真实生活情景转化。这种情景关注的是能够为学习者提供足以影响他们进行有意义建构的环境创设，使学习者在解决结构不良的、真实问题的过程中有机会生成新的问题、提出相关假设，进而解决问题，培养学习者的知识技能。然而在高职高等数学教学中，学习情境终究与实际的工作环境有别，这就要求要根据课堂教学、数学实验、数学建模、第二课堂的教学要求，尽量将学生学习内容的选取贴近现实的问题情境，创设与本专业就业岗位（群）的真实情境一致或相近的职业情境，使学生通过虚拟或仿真的情境来积极主动地学习和探索，建构高等数学的知识与技能。

其次，在实际的高等数学教学尤其是数学实验和数学建模中，会存在大量默会知识，这些难以进行明确教学的隐性知识仅隐含于知识与人、情境产生互动的共同实践之中。因此，要特别关注设计支持隐性知识发展的情境，使学习者通过"合法的边缘参与"，让隐含在人的行为模式和处理事件的情境中的隐性知识，内化为自身活动的能力。

最后，情境学习理论认为，个体通过参与共同体的实践活动，取得具有真实意义的身份，逐步从合法的边缘参与过渡到实践共同体中的核心成员，这个过程是动态的、协商的、社会的，是共同体成员之间通过各种互动与联结，传递学习共同体的经验、价值观与社会规范，是个体不断完备知识技能的过程。

二、现实依据

高职院校的数学教学改革是数学科学发展的必然要求，应该满足经济社会发展的需要，体现现代高职教育特点，教学过程必须能够丰富和发展学习者的个性。高职数学教学必须为学生学习专业和可持续发展服务，使学生终身受益。

（一）数学科学发展的需要

随着经济社会的不断进步，数学的最大发展就是应用，其已经从幕后走到台前，开始直接或间接推动生产力的发展，成为能够创造经济效益的数学技术。数学几乎在各个领域都有着非常广泛的应用，这就使得数学素养已成为公民基本素养不可或缺的重要内容，数学在培养应用型人才的过程中起着其他学科不可替代的作用，因此，高职院校应重视学生数学素质和数学应用能力的培养。然而目前的高职数学教学中，仍然存在较多与高职人才培养目标不相适应的现象，主要表现在重视数学理论知识的传授，关注学生数学知识的严密性、系统性和完整性，重视理论轻视实践，重视知识轻视能力，忽视了数学思想、方法在专业上的广泛应用，特别是教学中不关注学生应用数学知识解决实际问题的能力，忽视了学生创新意识和创新精神的培养。

（二）经济社会发展的需要

现代信息技术和经济社会的高速发展，产业自动化、信息化程度的加深，经济生活的日益纷繁复杂，越来越离不开数学的理论、方法以及数学思维方式的支持，这就使得社会对公民素质有了新的要求。科学精神与理性思维能力是高素质技能型应用人才必备的素质，高职教育应重视学生理性思维能力和科学精神的培养。经济社会发展对技术应用人才的需要，实际上是对学生数学应用能力、创造力和创新精神的需求，要想在未来的事业中取得进步、得到发展，就需要具有一定的自学能力、创新理念与创造性的技能，而这些都离不开高等数学的学习和培养。

（三）现代职业教育发展的需要

现代职业教育就是在普通教育的基础上，对国民经济和社会发展需要的劳动者进行有计划、有目的的培训和教育，使他们具备一定的专业知识和劳动技能，从而达到容易就业或就业后容易提高的一种教育。目前，职业教育发展的特点和趋势是职业教育社会化、职业教育终身化、职业教育现代化，这就要求高职数学教育应从以知识传授为主，向和谐的人的全面素质发展转变；从人的"阶段教育"向"终身教育"转变。职业教育的发展，要求必须在基于专业服务的基础上，开展高职高等数学教学改革研究。

课程改革必须与学生的发展一致，使高等数学教学为学生的专业学习服务，把解决专业实际问题与高等数学教学紧密结合，将数学建模的思想与方法融入高职高等数学课程的教学，突出课程的综合性、应用性和开发性，彰显高职教育数学教学特色。教学内容要以应用为目的，以"必需、够用"为度，把培养学生应用高等数学解决实际问题的能力与素养放在首位，不应过多强调其课程体系的系统性、逻辑的严密性、思维的严谨性，而应将其作为专业课程的基础及延伸，强调其应用性、解决问题的自觉性，加强培养学生的数学问题意识和数学应用能力力度，是高职数学教学从面向少数学生到面对所有学生，从被动学习数学转到在数学活动中的主动建构学习，从强调"学科中心"到关注学生职业能力的发展。高等数学教学中，要让学生做到从学数学到用数学的转变，要更加关注学生基本运算能力、量化研究能力和数学建模能力的培养，为学生优质就业创造条件，为学生持续发展奠定基础。

第二节　高职院校高等数学课程教学的现状及存在的问题

传统的高等数学内容理论性过强，讲求课程的逻辑性、严密性和系统性，课程教学与生产生活、社会实践和学生的专业学习存在脱节，在为专业服务上不能广泛适应高职学生的实际。

一、高职学生高等数学课程学习的分析

通过对高职院校学生进行广泛调研发现，高职学生数学基础普遍薄弱，对高等数学的学习存在畏难情绪和恐惧心理，学习积极性不高，学习动力不足。特别是现有的高职数学教学还没有完全跳出传统的教学模式，面对新形势下的高等职业教育，如何深化高等数学教学改革，以更好地服务于专业，促进学生健康成长，是我们不能回避的现实问题。

对于大多数高中学生来说，最大的吸引力和诱惑力是能够考上理想的大学，然而考入高职院校后，许多学生并没有喜悦感，往往会产生失落感和自卑心理。同时，高职学生的总体质量在下降，学习风气不良，导致学习态度不端正，学习目标不明确，学习的兴趣和积极性不高，尤其是缺乏主动进取的精神。另外，由于社会上存在的"重学历轻技能，重普教轻职教"的思想，以及学生在高中的经验"数学难学、及格率低"，再加之经由往届学生以及社会上关于"学习高等数学没用，对将来工作帮助不大"等观念的影响，误导了高职学生对高等数学的看法。特别是进入高职后，发现高等数学与中学数学在结构框架、内容体系以及学习方法等方面存在明显差异，于是对高等数学学习产生恐惧感，学习热情逐渐下降，进而产生消极应付的态度，厌学思想不断加重。但仍然有超过三分之二的学生要求数学教师结合专业，精讲多练，关注学生的素质与能力培养，多讲数学在专业上的应用，多谈数学在实际生活中的运用，提高学生的综合素质和职业能力。

根据现在的情况来看，高职院校大多数学生的数学基础较差，大约 25% 的学生听不懂高等数学。出现这种现象的原因主要有：学生学习态度不端正，学习积极性不高，课前不预习，课后不复习，作业不能独立完成，甚至存在抄袭或不做作业的现象。另外，学生自控能力差，经常迟到早退，有的学生无故不上课，即使来到教室，也不专心听讲，上课睡觉、玩手机的现象时有发生，不能主动地参与教学过程；没有养成良好的学习习惯，缺乏教学中的情感体验及个性品质的完善，不能及时反思和总结自己的学习过程；也没有掌握科学有效的数学学习方法，认为高等数学难学，学习高等数学也没什么用处，所以无法坚持下去。通过调查还发现，学生对高等数学教师也提出了明确要求，数学教师要紧跟形势，与时俱进，加强学习，不断调整专业知识结构，突出数学教师的技能性、实践性和复合性，加强数学课程与专业的联系，拓展自己的专业性数学教学能力。

二、高职院校高等数学课程教学中存在的问题

（一）课程价值定位认识存在偏差

高等数学作为一门公共基础课，承担着高职院校学生素质培育和为专业服务的双重功能。但实际教学中，一方面由于高职院校对专业教学的重视，忽视公共基础课在人才培养中的重要地位，于是高职高等数学课时不断缩减，教学时间安排紧张，导致高等数学教学内容多、容量大、进度快；同时，由于高职院校招生规模的逐年扩大，生源素质整体下降，学生很难跟上高职数学教学的节奏。另一方面，由于高职高等数学课程定位不准、认识存在偏差，数学教师还没有完全脱离传统的教学模式，教学与专业联系不紧密，与人才培养目标结合不够，没有在基于专业服务的基础上进行教学，造成高等数学教学与专业教学脱节。

可见，学生质量下降、教师高职教育理念陈旧以及数学教学时数减少，是高职高等数学课程教学效果不理想、课程价值得不到充分发挥的直接原因，而课程价值定位不准、数学教学没有及时调整以应对高职生源与课时的变化，则是课程价值得不到充分发挥的深层原因。

（二）教材内容体系陈旧

长期以来，我国高等数学教材体系一贯要求课程的严密性、系统性和抽象性，缺乏针对高职教育高等数学课程讲求应用性的目的，重视知识传授、理论推导和解题技巧训练，忽视数学的实践性与应用性，忽视数学实验、数学建模在高职各专业的灵活运用。教材普遍存在"难、偏、旧"的状况，教材类型较多，但适用性不强，涉及高职各专业的数学应用内容较少，没有真正反映高职数学教学实际的适应性教材。

当前，高职院校的高等数学教材、教学内容依然是一般本科高校高等数学教材的压缩，结构未做调整，系统变化不大，教学方法落后，缺乏灵活性和先进性。特别是教学内容的选取，缺乏与其他专业课程的渗透与沟通，不适应高职学生特点。在教学中，教师根据不同专业数学课程授课计划，对教材内容做简单的删减压缩，既与专业脱节，又与学生实际脱节，高等数学教学不能真正发挥专业服务的功能，也难以实现数学的素质培育，反而容易导致学生的应付心理和厌学情绪。高等数学教学要发挥素质培养和为专业服务的双重功能，教材应精心编写、精简实用，既能发挥课程的素质培育功能，又能与后续专业学习相衔接，增强教材的适用性、针对性和应用性。

（三）学生数学基础较差

目前，我国的高职院校与高中学生心目中真正的大学相比，存在的差距较大，所以大多数考上高职院校的学生面对新的同学、教师和学习环境，不仅没有产生自豪感

和兴奋感，反而心情沮丧、情绪低落，甚至自卑，在这种心情状态下的学生，其学习的积极性和主动性就可想而知了。更现实的问题是，高职院校招收的新生在高中阶段的基础知识相对薄弱，学习的适应性不强，综合运用能力较差，克服困难的决心不大，学习动力不足，学习精神很难发挥出应有的水平。

由于长期受应试教育的影响，大多数学生学习数学的方式是被动和死板的，普遍感到高等数学难学、难懂，因而在学习中难以坚持下去，即使能坚持下来，对高等数学本质的理解也只是一知半解，遇到专业及生活中的实际问题时，不知如何去解决，无法从专业实际问题中抽象出数学问题，分析解决实际问题的能力不高，在借助信息技术手段对数学实验、数学建模和多样化的探索性学习，以及拓宽自己学习空间方面的能力相当薄弱。另外，高职院校学生数学能力的发展不全面，尤其缺乏对综合素质、实践能力和创新精神的培养，在高等数学学习中缺乏良好的情感体验以及对个性品质的关注。

（四）教师知识结构单一

目前的绝大多数高职院校是前几年新建或由普通中专学校升格合并而成的，师资队伍整体水平偏低，大都是过去从事中专数学教学的教师，习惯于传统的学科式教学，知识结构单一，综合素质不强，授课无吸引力，教学方法及内容与高等职业教育往往不相吻合，一些教师的教育教学理论和教学实践水平不符合高等职业教育的要求。相当一部分数学教师不熟悉社会对高职人才的实际需要，教学理念不新，教学模式陈旧，缺乏应有的创新，特别是与数学实验教学、数学建模活动的开展与推进存在一定差距。同时，绝大多数高职院校高等数学教学效果的评价仍继续使用传统的评价方法，不能真正体现高职教育的课程特色。

高职院校的数学教师一般被安排在基础系部，其教研活动、科学研究及课程建设等都局限在数学教研室或本系部内进行，与各专业院系沟通也比较少。数学教师对学生专业知识了解不够，特别是数学在专业上的应用知道得较少，不能结合学生专业服务的高职高等数学教学改革研究专业开展数学教学，更不能用数学实验或数学建模的思想方法解决专业问题。在高等数学教学中，往往只是纯粹的数学知识传授，联系学生专业实际应用的比较少。

（五）课程教学手段单一

目前的高职数学教学仍然采用"教师讲、学生听"的传统方法，教学方式单一，教学组织呆板、缺少活力、缺少层次。教学过程普遍缺乏对学生的启迪和积极引导，忽视对学生科学探究精神的帮助和鼓励，不讲课程内容的科学意义、课程学习对专业成长的作用、课程的最新发展现状，而在一些枝节问题上大做文章，过于重视课程教学的逻辑性、严密性和系统性，甚至把做题作为整个教学活动的核心。

以"教师、教材、传授知识"为中心的传统教学方式，过分追求课程的逻辑严谨和体系形式化，忽视了人的能动因素的突出表现，使数学课堂变得单调与沉闷，缺乏生机和活力，学生学习的方式始终是被动接受，不利于学生的综合发展和创新精神的培养。在高职数学教学中，应用现代信息技术手段开展教学的较少，数学实验、数学建模与数学探究等数学实践活动普及率低，这些都直接影响了高等数学的教学效果。

第三节　基于专业服务的高职高等数学教学改革的原则与思路

高职院校以培养技术应用人才为目标，因此，高职院校要充分彰显高等数学课程特色，深化高等数学教育教学改革。

一、基于专业服务的高职高等数学教学改革的基本原则

高职院校数学课程的教学改革需要在各专业的数学教学中融入专业实际应用的思想，强化数学理论知识与专业现实问题间的联系与衔接，以便于学生在理解的基础上，明确高等数学的应用价值，促进学生自觉掌握高等数学的思想与方法，培养学生的应用意识，以及运用高等数学主动思考和解决问题的能力。

（一）以人为本

高等职业教育应倡导人的全面发展，关注学生的人格、品德及综合素质的培养，必须遵循以人为本、以学生为中心的原则，真正体现数学课程的文化教育功能和潜移默化作用。数学知识来源于社会实践，也推动着人类社会的进步和发展，是一种科学文化，也是一种普遍使用的技术。教师应帮助学生了解数学的历史、应用、发展趋势以及数学家的创新精神等，反映社会发展对数学科学的影响作用，明确数学在经济社会各行业的应用，以及数学对一个人终身发展的巨大影响，要教育学生树立正确的数学观。

高职数学课在注重学生获取知识、能力和价值的基础上，要更加重视学生的个性发展，要按照"知识、素质、能力"的发展主线，深化高职数学教学改革，既要满足专业发展对数学课程的需要，又要促进学生的身心健康需要；既要保证学生优质就业，又要促进学生可持续发展；必须重视课程教学由单一性向综合性方向的转变，克服数学课程过分注重知识和数学运算的倾向，实现"人人学有价值的数学，人人都能获得必需的数学，不同的人在数学上得到不同的发展"[①]。

---

① 杨高全. 数学教育新论 [M]. 长沙：中南大学出版社，2003.

（二）以应用为目的或以必须够用为度的原则

教育部于 1999 年制定的《高职高专教育专业人才培养目标及规格》与《高职高专教育基础课程教学基本要求》中都强调了高职教育的培养目标就是培养高等技术应用型人才。根据高职教育的培养目标，高职数学教学应突出课程的职业性和应用性，不应一味追求课程内容的系统性、推理的逻辑性和思维的严密性，必须坚持以应用为目的，以必须够用为度的原则。高职高等数学作为学生学习专业课的基础，应强调其基础性、应用性和解决问题的自觉性，要让学生由"学会"变到"会学"，由"学数学"变到"用数学"。教师要积极开展学法指导课堂，教给学生点石成金的方法，而不是帮他们点石成金，真正使高职数学教学能提高学生的数学素养，并逐步将所学的数学知识转化为技能，为专业课学习打好基础，为学生的职业发展提供支撑。

（三）彰显现代高等职业教育的课程特色

现代职业教育的课程特色主要体现在现代课程标准上，而高职院校的课程标准是教材编写、教学设计、教学组织、教学实施和课程评价的重要依据，是高职院校教学管理的基本内容，应体现职业教育课程特色，充分反映学生要求及专业需要，合理制定课程的性质、目标、框架和内容体系，并提出课程教学建议、评价要求和教学对策。因此，高职高等数学的课程标准应包括：①课程性质与定位、课程设计理念和课程目标。②课程基本框架、学时、教学重点与难点、教学方法与手段、学习情境等，以及能力要求和评价建议。③教学实施建议，学生在知识、技能及情感态度与价值观等方面的基本要求，不同专业学生对高等数学的需求状况以及应达到的培养标准。

高职院校高等数学教学改革必须树立全新的教育理念，具有全新的课程改革观，课程教学要首先指向人的全面发展，指向学生潜能的开发和个性的张扬；课程改革必须高度重视人的解放，必须与高职学生的专业发展一致；要突出课程的应用性、综合性和开发性，使高职高等数学课程真正能为高职院校学生服务。

二、基于专业服务的高职高等数学教学改革的基本思路

高职院校高等数学教学改革在重视学生文化素质教育的基础上，要更加明确为专业服务，必须通过实现高职数学课程的功能转变，构建以应用为目的，以职业标准培养为核心的全新的课程结构。

（一）明晰高等数学课程的目标定位

高职院校面向经济社会发展培养高技能应用人才，也承担着职业人员继续教育的重任，因此要适应经济社会发展需要，重视劳动者职业素养和综合能力提升，注意培养学生由片面的专业技能向综合素质转变，由单一的职业岗位就业向不同岗位的综合就业转变，以满足社会对高职人才的需求。高等数学课程对学生综合素质的形成具有

重要影响,对于高职学生形成复合型知识结构和创新能力具有重要作用,特别是高职数学建模活动打破了数学与行业专业的界限,真正起到了培养学生综合职业能力的目的。因此,应积极推进高等数学课程教学改革,明确高职数学课程的目标定位,明晰数学课程在不同专业人才培养中的作用,并结合专业人才培养,实现数学课程的功能转变。

(二)构建以职业能力培养为核心的课程结构

根据适用性、实用性和应用性的原则,弄清楚目前高职学生实际,分析社会各行业及不同专业岗位群的任职需求,精选教学内容、重组课程结构,兼顾知识与素质培育,构建以就业为导向、以职业能力培养为核心的多模块高职数学课程结构,实现课程素质培养和为专业服务的双重功效。围绕高职专业培养目标,重视学生素质和教学服务专业能力的提高,建立数学课程与专业课的相互融通及有机联系,用更多的时间培养和训练学生的综合职业能力,为学生职业规划和发展创造条件。为此,宜将高职数学课程结构分为基础模块、专业模块与提高模块,面向不同专业层次学生,培养其职业发展能力。

(三)突出能力本位的指导思想并深化工学结合人才培养

(1)根据学生的专业素质和能力需求,合理安排数学教学内容,为学生学习专业奠定基础。根据高职教育目标要求,要合理安排数学教学内容,加强学生应用能力培养力度,以知识学习的"浅"换取能力训练的"深"。

(2)加强数学实践教学,深化工学结合人才培养。将课程改革引到课堂,建设成果落实到学生中,更新数学教师高职教育理念,将课程与专业有机结合,突出能力本位的指导思想,处理好实践技能和理论知识两个系统教学之间的关系,积极采用基于工作过程、项目驱动教学模式,提倡讲练结合、教练融合、工学结合等教学模式,大力开展数学的应用能力训练,充分激发学生学习兴趣,真正做到理实一体化教学。

(3)加快优秀校本教材的开发,积极开展校本教师培训。根据各专业实际需要,有计划地开发校本教材,每年集中组织开展数学教师的校本培训,鼓励数学教师尽快向"双师型"教师转型,提倡数学教师"一专多能",鼓励教师开展专业教学实践,参加职业技能培训,提高数学课程服务专业教学的水平。

(4)建设新的课程教学评价体系,关注过程性评价,突出技能与能力考核,巩固课程建设成果。

(四)优化数学教师专业知识结构

教师通常是教学改革的一大阻力。究其原因主要有以下几方面:一是习惯,即教师在多年的学习生涯及长期教学实践中,已经形成了一些很难改变的教学习惯,这些习惯根深蒂固,制约并影响着教育教学改革,包括教师学习和接受新事物的能力、教学实践能力、灵活运用信息教育技术手段的能力以及创新精神等。二是受功利主义思想的影响，认为教书只是谋生的一种手段，不想改也懒于改，只满足于传统的教法，很少开展教学创新与研究。因此，每一名数学教师都应该致力于高职数学教学改革，承担起教学改革的重担，不断超越自己，在数学教学中实现人生价值。

目前，数学教师的知识结构问题是制约高职数学教学改革的"瓶颈"，教育教学改革任重而道远，不能等待教师知识结构修改后再进行改革，也不能改革后再谋求教师知识结构的改善。课程教学改革与教师的知识结构改善是一种相互依存、相互促进的互动关系，改革既依存于教师的知识结构，又为教师的知识结构改善提供了平台。高职数学教师知识结构的优化，是为了让教师的专业知识发挥到最好地步，必须坚持专与宽结合、理论与实践结合、基础学科与应用学科结合，必须改变以单一学科为特征的知识结构，加强与专业课教师的联系，实现一专多能，从传统教书型教师向开拓创新型教师转变。学校也应组织开展一些深化数学教师高职教育理念、信息技术能力和数学建模活动的短期培训班，也可选送优秀中青年教师出外进修学习，从根本上扭转数学教师知识结构单一的现状。

衡量课程教学改革的关键在课堂，高职数学教学改革必须通过课堂来实现，开展教学改革要看课堂发生的变化，即教师的高职教育理念、教学方式及学生学习活动的变化等。课堂是教学改革的实践基地，没有亲自实践，就无从谈改革，再先进的理念也是苍白的；课堂也是产生改革新思想的地方，许多教学改革的思路、灵感就出自课堂，如果没有先进理念的指导，所有实践都是盲目的。

教师的数学教学要善于引起学生注意，使经常缺课的学生能走进教室，使睡觉、玩手机和心不在焉的学生集中精力并专心听讲，使愿意学习的学生思想活跃、思维灵动。课堂并非一定要完美，但最基本应追求教师和学生都在教室的状态，建立一种师生互动的双向交流和情感体验，只有教师绘声绘色、神采奕奕、激情飞扬地讲授，学生才能认真思考、主动交流，并积极探究。数学教学改革必须让教师的思维先回到课堂，全身心地投入教学，学生才会有收获，否则只是纸上谈兵，改革也只能走走形式。高职数学课程的教学改革需要一个长期坚持和漫长努力的过程，数学教学改革任重而道远，仅靠少数人员和学校的努力是远远不够的，必须得到学校的支持、学生的参与、教师的积极配合以及校际间的相互协作。

（五）基于专业服务可以促进数学课程教学内容的优化

高职院校数学课程的教学改革需要在各专业的数学教学中融入专业实际应用的思想，强化数学理论知识与专业现实问题间的联系与对接，以便于学生在理解的基础上明确高等数学的应用价值，促进学生自觉掌握高等数学的思想与方法，培养学生的应用意识、运用高等数学主动思考和解决问题的能力。

根据高等职业教育的培养目标，高职院校高等数学教学改革在重视学生素质培养的基础上，要以培养学生的数学应用能力为重点。数学建模竞赛活动被引入高职院校之后，对培养学生数学应用能力发挥了重要作用，对高职数学教学产生了积极影响，可以将数学建模的思想方法引入高职数学课堂，建立数学与专业的直接联系，真正发挥数学的应用作用。所以，在高职院校开展数学建模实践活动，将数学建模融入高等数学教学，是高职院校专业培养目标的需要。

随着经济社会的发展，数学在经济学中的应用越来越广泛。许多经济理论都是建立在数学方法的推导和数学理论的分析之上的，可以说，经济学只有成功地运用数学时，才能真正得到充实和发展。因此，在高职财经类专业的高等数学教学中，就需要恰当地选择专业案例，应用高等数学方法找出经济变量间的函数关系，建立数学模型，然后运用数学方法分析这些经济函数的特征，以便对经济运行情况进行准确判断并做出决策。教师也可介绍高等数学在财经类专业上更广泛的应用，将数学与经济学充分对接，把数学知识与专业知识进行必要的整合，使学生充分了解经济数学的应用背景。

在导数的教学中，可通过变速直线运动的瞬时速度问题和平面曲线的切线斜率问题引出导数概念，顺便也可介绍电流模型、细杆的线密度模型、边际成本模型和化学反应速度模型等，加深学生对导数概念的认识和理解，也促使学生看到数学知识在不同专业实际问题中的广泛应用，拓宽学生的思维渠道和模式，使学生体验到所学专业领域相关实际问题的解决思路，增强了课程学习的可操作性。

（六）基于专业服务可以促进数学课程教学方法和手段的改革

基于专业服务的高等数学课程教学改革，离不开数学教学内容与专业应用的有机结合。教师不能只讲授知识，而应根据学生专业学习和可持续发展的需要开展数学教学，要关注学生思维能力的训练与创新精神的培养，引导学生在数学学习中掌握科学的学习方法；要抓住重点，不但要会学数学，而且要会用数学知识、数学思想与方法思考解决实际问题，鼓励学生自主学习，刻苦钻研，积极进取。针对专业的实际应用，对高等数学教学方法和手段进行大胆改革，通过了解大量专业实例，结合学生特点，大力倡导合作学习和开放式学习，课堂上积极采用启发式、分层式教学和基于实际问题解决等灵活的教学方法，提高高等数学课程的教学效果和应用水平。课堂上，教师在讲授必要的数学基础知识和数学理论时，给学生创设与专业有关的问题背景，引导学生分析思考问题，构建"实际问题—合作讨论—建立模型—解决问题—教师讲评"的数学教学模式。

此外，在高等数学教学中，教师还应积极运用互联网和多媒体技术进行教学，一方面，有利于充分调动学生学习的积极性和主动性。另一方面，也有利于学生对数学教学内容的认识、理解和掌握，突破教学难点，弥补传统教学方式在视觉、立体感和动态意义上的不足，拓宽创造性学习的通道，使一些抽象、难懂的内容易于理解和掌握。高职数学教学通过融入数学建模活动，可以打破原有高职数学课程重理论、轻应用的现状。建模活动中，需要用到研究性、探究式和讨论式等教学方法，可以让学生参与到高等数学教学环节的全过程之中，发挥学生的主体作用。数学建模过程中，灵活运用现代教育技术分析解决实际问题，一定会挑战传统的教学方法与手段。

（七）基于专业服务可以促进高职数学师资队伍的建设和发展

基于专业服务的高等数学教学改革，离不开教师的主导作用。教师必须改变传统的教学方式，提升高职教育理念，不仅要关注高等数学的素质培育功能，加强数学教学的理论性研究，而且要加强与学校各专业的沟通与交流，了解学校的专业设置状况、特点及各专业的培养目标，明确各专业课程对高等数学的要求，并将其融入不同专业高等数学课程的教学中。这样一来，不同专业的高等数学课程都可作为相应专业重要的专业基础课程。

高等数学在专业中的广泛应用，对数学教师的素质和能力提出了挑战，数学教师需要与时俱进，积极发展自己与专业变革需要具备的各种能力。数学教师必须补充相关的专业知识，拓宽专业知识面，培养自己的专业性数学教学能力。要搞清相关专业的能力标准，有针对性地开展高等数学教学，熟练进行数学软件的操作以及多媒体技术的运用，积极开展数学建模实践活动，优化教学方法和手段，不断进行知识更新，提高教科研工作能力。可见，基于专业服务的高职数学课程教学改革对高职院校高等数学教师的知识结构、能力结构和学历层次提出了新的标准，对数学教师的综合素质和业务能力提出了更高的要求。因此，培养一支具有良好数学基础及专业素质的师资队伍是促进高等数学教学为专业服务的重要前提。

随着经济社会的快速发展，数学已经不单是一门科学，还是一门技术。多年来，国内外一直致力于开展高职高等数学教育教学改革研究。

日本职业教育通过建立综合高中，加强职业课程的专业化，倡导学习形式的多样化，关注学生综合素质提升，重视学生创新能力的发展。韩国在课程编排上十分重视理论课为实践课服务，职业教育的数学课程针对专业不同而有所调整，如在电子技术专业，数学课80学时，被分为2个模块：一块是公共数学，包括指数函数、微分、积分和重积分等，要求所有学生必修。另一块为电子数学，编在专业课范围内，讲授排列组合、向量、级数和微分方程等内容，为学生学习专业技术服务。澳大利亚基于"能力单元"发展历程安排并组织教学，首先确定职业岗位所需的技能和关键项目，然后转换成特定的课程，最主要特色是职业教育以学生为中心，教学形式、教学方法相对灵活，打破了传统单一的课堂教学形式，增加了现场研究、不同时间学习、利用现代教育技术学习以及协议学习等方式，以适应不同的学习小组和学习环境。

德国高等职业教育强调应用的重要性，数学教材提出要顺应学生的心理自然发展，数学教学不过分强调形式的训练，重视其应用，密切加强与其他学科的联系，通常以函数思想和空间观察能力作为数学教学的基础。学生只有通过基础课的学习测试，才能进入下一阶段的专业学习环节。英国高等职业教育十分重视教学的基本理论，反对实行时间过早、范围狭窄的专门化训练，在关注职业教育课程的同时，强调公共文化知识教学的必要性。美国的职业教育不以教授知识为目的，职业教育强调能力培养，注重学生的素质教育和人的全面发展，特别重视文化基础课程的能力培养，开展演讲课训练学生的英语口语及语言表达能力，开设应用数学课解决专业的实际应用问题，职业教学十分重视实用性、应用性和针对性。

我们要认真学习国外高职教育教学经验，从中汲取值得借鉴和利用的课程资源。我国高职教育专业课程体系的构建以及不同课程的教学改革，大都借鉴国外模块化教育理论的思想。模块化教育主要指模块式技能培训（Modules of Employable Skills，MES）和能力本位教育（competencybased education，CBE）两种模式。MES 是由国际劳工组织研究开发的，以现场教学为主、以技能培养为核心的教学模式，称为"任务模块"。CBE 是以职业能力为依据确定模块，以从事某种职业应具备的认知能力和活动能力为主线，可称之为"能力模块"。两种模式的共性是都强调课程的实用性和能力化。

我国职教界通过借鉴学习、实践总结，提出了适合我国国情的"宽基础、活模块、人为本"的教育模式。这种教育模式从以人为本、全面育人的教育理念出发，根据高职教育的培养目标，通过模块课程间灵活合理的搭配，首先培养学生宽泛的基础人文素质、基础从业能力，进而培养其合格的专门职业能力。国内绝大部分职业院校在借鉴这一教育思想之后，首先是对专业课程教学模式进行大胆改革，反复实践，并取得了较好效果，积累了一定的经验，然后将其扩大到专业基础课和公共基础课之中。根据不同的目的和要求，目前对高等数学存在的模块划分有多种形式：如郑州电力高等专科学校根据一定的分类标准，把高等数学课程分为三个教学模块，即数学理论（基本模块）、数学实验（扩展模块）和数学建模（开发模块）；有的学校也打破原有课程体系，把高等数学课程设计为极限模块（一元和多元函数、极限、连续）、微分模块（一元和多元函数导数与微分）、积分模块（不定积分、定积分、重积分、线积分和面积分）、级数模块和方程模块等；浙江台州职业技术学院等院校提出多模块分层教学，把高等数学课程分为三个模块，即基础模块、应用模块和提高模块；天津机电职院等院校的高等数学课程采用"共用基础模块＋专业选修模块"的课程结构模式；天津电子信息职院的王莉华、孙晓晔认为，模块化的高等数学课程教学体系应该包括"必修模块""限定选修模块"和"任意选修模块"等。①

① 张彩宁,王亚凌,杨娇.高职院校数学教学改革与能力培养研究[M].天津:天津科学技术出版社,2019.

我国高职院校高等数学课程教学改革历程可划分为三个阶段：第一阶段可概括为"内容压缩型"，其特征是对传统的数学教学内容进行删减，通过删繁就简将数学内容压缩为若干模块，供不同专业的学生选择学习。在这个阶段，除删掉或者减少复杂的数学理论推导和证明外，不管是教学内容、教学方式还是教学方法，仍然沿用传统的数学教学模式。第二阶段称为"内容整合型"，将传统的数学知识整合为若干模块，在每个模块中添加了一些数学知识的应用内容，教材中增加了部分专业实例。虽然这一阶段较第一阶段有了很大进步，首先是整合了高等数学课程的知识内容，其次是突出高等数学知识的应用，但每个模块内容仍保留数学课程原有的逻辑体系，重点突出知识的系统性和知识间的前后关系，以及依然注重数学计算方法与技巧的训练。目前，高职数学课程教学改革已进入第三阶段"模块案例结合型"的模式，即高职数学课程的教学内容实现数学模块与专业案例一体化，将数学与专业融合起来，同时通过数学软件提高学生处理复杂实际问题的计算能力，提倡使用计算机技术整合高等数学教学内容，达到培养学生应用能力和创新精神的目的。虽然改革的方向是合理和正确的，但是这项课程改革还只是起步阶段，完整的理论基础和实践体系仍然处在思考和探索之中。

通过对国内外相关领域的文献进行检索、研读，笔者总结了发达国家在职业教育公共课方面的做法给我们的明确启示：①高职高等数学课程设置是一个动态过程，要适应学校专业设置和经济社会的发展。②高职数学知识是所有知识中最稳定、最持久的部分，是学生学习专业知识的基础。③高等数学教学应加强课程的实践性和可操作性，增强应用性。因此，高职数学课程要深化教学方法改革，树立"为专业服务"的意识，完善高等数学的学科型架构，建立适应现代职业教育需要的课程内容体系，以知识的必须够用为度，打破知识的系统性与完整性，重视数学教学的应用性和针对性，实现时间资源的效益最大化，凸显高职教育特色，体现以就业为导向。

高等职业教育的迅速发展，加快了高职院校开展数学教学改革研究的步伐。尽管高职院校的数学工作者对高等数学课程如何为专业服务做了许多有益的探索和尝试，但目前还处在改革的初级阶段，理论分析多，实践探索少，教学内容及教学模式还没有从根本上改变，教学方法与手段也无法满足学生专业学习和可持续发展的需要，还必须做深入、系统的分析研究。

第四节　基于专业服务的高职院校高等数学教学改革的对策与建议

高职高等数学课程教学改革应该是在职业能力基础上的系统开发，绝不是对现行课程的简单调整与修正，而是积极适应高职教育本质特点、满足高职学生实际需要的教学变革，是对现行高职数学课程内容体系和结构框架的重新构建。

一、高职院校高等数学课程教学大纲的调整

高职数学教学大纲是指导高职各专业数学教学的纲领性文件。高职数学教学改革，首先要做好教学大纲的制定与修订，针对高职课时少、内容多、学生基础差的特点，弄清每一个专业所面向的职业岗位标准和能力要求，在实际教学中必须对教学内容进行较大幅度调整和改造，增加数学建模知识和数学实验内容。在修订教学大纲时，要根据学生专业特点调整数学课程结构体系，用现代信息技术整合教学内容，关注学生素质培育，重视数学思想方法的引入，实现高等数学和相关专业课程及有关内容的有机融合。同时，要注重数学基本知识对专业学习的帮助和促进作用，加强相关知识内容的联系和有机结合，让学生能在较少的学时内学到较多知识和技能，强化高职数学教学的专业服务功能，拓展学生的发展空间，编写符合高职教育特色的高等数学教学大纲。

二、高职院校高等数学课程教材的改革

高职数学课程结构上要实现多样化和模块化，内容上要联系实际、专业或专用群，教学方法上要融入现代信息技术手段，教学模式上要提倡理实一体。多样化是为了针对不同来源和不同层次学生的需要，这样不仅能满足来自普通高中毕业生的要求，又能满足来自三校学生（职业中专学生、技校学生和职业高中学生）的要求，还能满足目前注册学生的实际需要，有利于成绩好的学生持续发展，也有利于成绩差的学生取得进步。模块化是为了帮助学生有目的地灵活选择，有利于教学组织与教学管理，也有利于教师的教和学生的学。教材内容的重点必须重新进行整合：一是融专业知识于数学教材之中，方便不同专业的学生使用。二是融现代信息技术于教材之中，为学生学习高等数学提供帮助，提倡使用计算机技术整合教材内容。教材编写要符合学生实际，兼顾学生素质培育，精心选择教学案例，体现专业特点，不仅要反映数学的本质，更要体现高等数学的应用性，教材要注意归纳一线教师的优秀案例和成功的数学实践活动。必须对高职数学内容做全面的审视和反思，寻求一种既能满足高职教学需要，又能有效提高教学质量、有利于学生学习和发展的可操作性强的高职数学教材。

三、高职院校高等数学教学内容体系的优化

当前高职数学的教学内容及结构体系已经不适合高职院校的教学特点和不同专业、专业群对高等数学的要求，需要进行优化和创新。

（一）明确高等数学在高职教育中的基础性地位

明确高等数学课程在高等职业教育中的基础性地位和重要作用，明晰高职院校高等数学课程的目标定位，分析高职学生特点，了解学生实际，搞清高职各专业或专业群对高等数学的要求以及发展趋势，根据经济社会需要，确定高职院校学生的知识、能力与素质结构，以此来确立高职数学课程的教学目标。

（二）从学生专业成长角度出发改革课程教学体系

高职教育是以应用能力培养为本位的，高等数学教学要突出应用性，这是由现代高职教育的特点决定的。高职教育培养的人才素质高低，很大程度上依赖于数学素质的培养，而数学素质的培养又主要体现在数学教学实践中。在数学教学中，要处理好知识与能力、素质与应用的关系，在讲授重点数学内容的同时，注意结合专业实际问题，为数学的应用提供内容展示的窗口和延伸发展的渠道，提高学生主动获取现代知识的能力。高等数学课程教学要努力突破原有课程体系的界限，促进相关课程、相关内容的有机结合和相互渗透，促进不同学科内容的融合，加强对学生应用能力的培养。因此，要从应用的角度或者说从解决实际问题的需要出发，从各专业后续课程的需要和社会发展对高职人才的需求出发，来考虑和确定高职数学教学的内容体系。

（三）从培养应用型人才的角度进行教学内容的调整

高职数学教学内容是连接教师的教和学生的学之间的中介。教学内容的取舍要做到以下几方面：一是根据学生专业的教学需要，突出课程的实用性、应用性和开放性。实用性是指数学教学要培养学生解决实际问题的能力，应用性是指教学内容要从培养应用型人才的角度出发，开放性是指数学教学要从理论延续到实践、从课堂延伸到课外。二是重视数学概念教学，通过专业案例或解决实际问题的过程，引入概念，借助现代教育技术手段，阐述概念的解释，强调数学概念的几何意义与物理背景，加强数学应用教学。三是简化烦琐的数学计算，提倡使用数学教学软件处理计算问题，建立数学内容与专业及专业群的广泛对接。四是加强对数学理性的理解和思考，降低理论性较强的教学内容，突出数学思想方法、数学意识和数学精神的教学，增加数学建模和数学实验内容，激发学生的学习兴趣，提高学生分析和解决实际问题的能力。

四、高职院校高等数学课程教学模式的创新

高职数学课程要以学生的应用能力培养为中心，建立数学与专业及专业群的有机融合，将专业知识融入数学教学，应用数学知识解决专业问题，从实践中来，到实践中去，促进数学课程教学模式的不断创新。高等数学与高职专业的融合度越高，越有利于培养学生的数学思维和数学应用能力。

（一）因材施教并构建多层次多模块教学模式

因材施教是教育教学的基本原则，是指教师要从学生的实际出发，有的放矢地开展教育教学活动。高职院校招收的是参加高考的最后一批录取的学生，学生综合素质不高，数学基础较差，学习的积极性不高，学习动力不足。面对这个实际情况，数学教学的重点就应放在提升学生的数学素养上，放在高职数学课程为学生专业服务上，发展学生的数学应用意识，提升学生的综合能力。在实际教学中，我们应结合教材内容，根据不同的专业设置不同的教学模块，使学生在有限的时间内掌握专业学习必需的高等数学知识。

根据因材施教原则和目前高职数学教学的缺陷，我们把高等数学课程划分为三个模块，即基础模块、专业模块和提高模块。基础模块的设定是为了保证学生的文化教育、提升学生的文化素养，满足各专业对高等数学的基本要求，是高等数学最基本的内容。通过学生的学习，学生的数学素养得到一定的提高，基本的数学运算能力得到加强，学生明确了数学在专业领域的简单应用，也初步具有了应用数学知识分析解决问题的能力。专业模块设定由数学教师和专业课教师共同协商确定，针对不同专业的实际需要设置不同的专业模块，强调高等数学的实用性，讲授内容主要是数学在专业上的应用，让学生感到"数学来源于生活、数学就在身边"。这一模块的授课方式可采用理论联系实际，运用数学建模或数学实验来完成，这种教学模式促进了学生思维方式的转变，提高了学生的应用意识和创新能力。提高模块的设定是为学有余力或专业对数学有一定要求的学生设立的，这一模块中主要是学习高职院校未讲授的数学内容或介绍一些现代数学思想方法、数学在不同专业的应用案例等内容，为学生继续深造和可持续发展提供支持。

（二）理实一体

理实一体是现代职业教育教学发展的趋势，是突出学生技能训练的有效手段，倡导学生在实践中发现知识、获得知识、检验知识，可以突破以往理论与实践教学相脱节的现象，教学环节相对集中。通过设定教学目标或具体的教学任务，让师生双方积极参与其中，强调在教师的引导下，突出学生的主体作用，师生通过"教、学、做"与"思考、沟通、实践"，构建素质与技能培养的平台，丰富高等数学的教学内容，提高课程教学效果和教学质量。

在高等数学教学中融入数学建模内容，将数学建模从竞赛场引入高职高等数学课堂，积极开展理实一体化教学。一方面，提高了数学教师的实践能力及理论水平，培养了一支高素质、高技能的高等数学教学团队。另一方面，数学教师将理论知识融于实践教学，让学生在学中做、做中学，在教练融合、学练结合中理解分析问题、学习知识、掌握技能，通过构建数学模型建立高等数学与专业的广泛联系，淡化了教师和学生的界限，教师在学生中，学生在教师间，这种教学模式大大激发了学生的学习热情，增强了学生的学习兴趣，学生边学边做，边想边练，边思考边总结，达到了事半功倍的教学效果。

五、高职院校高等数学课程评价体系的重建

教学评价是以教学目标为依据，运用可操作的科学手段对教学活动的过程和结果做出的价值判断。教学评价是教学活动不可缺少的一个基本环节，贯穿于教学活动的每一个环节，通过同步反馈，及时提供改进教学的有效信息。教学评价过程更强调以学生为中心，将完整的、有个性的人作为评价对象，从学生的内心需要和实际状况出发，更多地采取个体参照评价法，使评价成为课堂动态生成资源的重要手段，通过评价促进教师的教、改进学生的学。

通过高职数学学习评价，研究高等数学教学进程，总结教学经验教训，通过学生学习信息的反馈，一方面了解学生学的情况，另一方面了解教师教的水平，发现问题、反思问题并及时做出调整。要建立评价目标多元、评价方法多样、评价形式丰富的高职数学课程评价体系，既要关注学生的课程学习效果，又要关注学生的学习过程；既要关注学生的数学素质培育，又要关注学生数学应用能力的培养提高；既要关注学习好的学生持续发展，更要关心学习差的学生取得进步，帮助学生认识自我，学会反思，树立自信，启迪思路，开阔视野，发展学生的数学应用意识和创新精神。

学生高等数学成绩的评价应采用定量与定性结合、形成性与终结性结合的方式，高等数学成绩可由三部分组成：①平时成绩（占20%），主要包括上课出勤、课堂表现、课堂发言、作业完成和单元考核等。②实践性考核成绩（占30%），主要包括高等数学第二课堂活动、撰写数学小论文、数学实验和数学建模实践活动等。③期中、期末考试成绩（占50%），主要按传统闭卷考试模式评定成绩。

六、高职院校高等数学课程教学方法与手段的改革

教学方法要为学生学习知识、掌握技能、提高能力创造条件，教学方法表现为"教师教的方法、学生学的方法、教书的方法和育人的方法，以及师生交流信息、相互作用的方式"[①]。教无定法，贵在得法。各种具体的教学方法具有自身的规律，没有一种教学方法适合所有教学内容，也没有一个高等数学内容的教授仅使用一种教学方法。教师要根据学生实际、教学内容的特点以及教学条件等，灵活应用教学方法。教学方法与手段的改革是为了追求教学过程的最优化和教学效果的最大化。

---

①　郑兆基，姜国才. 教书育人概论 [M]. 哈尔滨：哈尔滨工业大学出版社，1991.

（一）运用灵活的教学方法与手段激发学生学习热情

高等数学教学只有把课堂还给学生，把发展的主动权交给学生，学生才能积极参与其中，发挥其主动性，从而达到较好的学习效果。

1. 建立融洽的师生关系并激发学生的学习积极性

学生对高职数学课程的学习兴趣来自学生对授课教师的喜好，一个受学生厌烦的教师肯定引不起学生的学习兴趣。尤其对于高职学生来说，教师更要做到平易近人，主动接近学生，关注学生，了解学生，聆听学生心声，解答学生疑惑，在学习、生活、思想上关心学生，帮助学生，引导学生认识自我、树立自信、努力学习。同时，要关注差生取得的进步，促进学生的个性发展和对未来人生的规划。目前，绝大多数高职数学教师仍然按照传统的数学教学模式开展高等数学教学，满堂灌现象依然存在，一些教师在教学中过于死板、机械，完全按照书本进行讲授，语言不够生动，只重视数学知识的讲授，不重视学生数学思想方法的培养，更少关注高等数学在各专业的应用。为此，必须改变这一现状，加强数学教师的业务学习，调整专业知识结构，注意数学问题引入的专业背景，重视问题意识，言传身教，精讲多练，将复杂问题简单化，使学生学会分析、解决实际问题，树立学好数学的信心和决心。

2. 倡导积极、主动并勇于探索的学习方式

数学课堂教学过程就是教师引导学生开展数学活动的过程。数学活动不是简单地将数学知识通过教师的传授"复制"给学生，而是学生在已有知识和现实经验的基础上，通过自己的观察、实践、尝试及交流等一系列实践活动，不断"数学化"和"再创造"的过程。学生是处于发展过程中的具有主观能动性的人，作为课堂教学不可分割的一部分，带着已有的知识、经验、兴趣、灵感、思考参与数学活动。因而，教师应使高职数学课堂教学精彩纷呈。

数学教学应倡导自主探究、合作交流、阅读自学与动手实践的学习氛围，启迪学生心智，开发学生的潜能，培养学生创新精神。同时，在教学活动中引入数学建模、数学实验、数学探究等学习活动，鼓励学生独立思考、刻苦钻研、勇于质疑、大胆创新，为学生形成积极主动、勇于探索等多样化的学习方式创造条件。

3. 结合专业实践并激发学生的学习热情

高职数学教学应结合学生特点和专业实际，加强课程的实践性，使抽象的数学概念、理论和方法具体化，教学内容要结合所学专业和实际生活中的实例，努力为学生提供使所学的数学知识与已有的经验建立内部联系的实践机会，激发学生的学习热情。例如，在经管类专业的数列教学中，可引入银行存款及贷款利息的计算问题；在导数的教学中，可介绍经济学中的边际分析函数和弹性分析函数等问题；在微分方程的教学中，可结合讲解价格调整问题以及人口预测模型问题等实例。畜牧专业在线性规划

教学中，可介绍饲料配方问题；在矩阵教学中，可引入农业技术方案的综合评价问题。另外，极限的教学中，可引入日常生活的垃圾处理问题；在定积分应用中，可介绍不规则曲边多边形的面积问题、变速直线运动的路程问题等，以激发学生兴趣，提高学生主动探究问题的意识和能力。

（二）改革与高职教育教学不相适应的教学方法

要紧紧围绕高职教育的专业培养目标，以提高学生数学素养为目的，以数学服务于专业为主线，采用课题、模块、实验等方式组织教学，力争达到教学效果的最大化。

1. 提高学生的学习质量和效果

启发式教学是在对传统的注入式教学深刻批判的背景下产生的，是数学教学中最基本的方法之一，近年来在教学研究和实践中得到了长足发展。启发式教学的基本程序是"温故导新，提出问题"—"讨论分析，阅读探究"—"交流比较，总结概况"—"练习巩固，反馈强化"。在实际应用中，要积极采取启发式教学，提高学生学习的积极性和主动性，不断提升数学教学质量和效果。

讨论式教学是在教师的精心准备和指导下，为实现一定的教学目标，通过预先的设计与组织，启发学生就特定问题发表见解，以培养学生独立思考能力和创新精神的一种教学方法。该教学方式的运用不仅要发挥教师的指导作用，而且要兼顾学生的个体间差异，引导学生围绕问题展开讨论、分析探究，允许学生发表不同的观点和看法，一些问题可以当堂由教师给出解释，一些问题则可留给学生课后思考完成。

2. 提高学生分析解决问题的能力

问题探究法是指师生在教学过程中精心创造条件，由教师给出问题或由学生提出问题，并以问题为主线，通过师生共同探讨与研究，得出结论，从而使学生获得知识、发展能力的一种教学方法。这种教学方法，在教学中按照提出问题—分析问题—解决问题的思路进行，可以在整节课运用，也可以在教学的一个环节上体现。这种方法的特点是学生亲身参与，印象深刻，起到了很好的教学效果。

案例教学法是一种以案例为基础的教学方法，案例本质上是一个精心选择的实际问题，没有特定的解决思路与解决方法，而教师在教学中扮演问题设计者和鼓励者的角色，鼓励学生积极参与、认真思考、分析探究，做出自己的判断及评价并得出结果。这种教学方法能够实现教学相长，是一种具有研究性、实践性，并能开阔学生思路，提高学生综合素质和分析解决问题能力的有效教学方法。

3. 运用目标教学法以及行为导向法

目标教学法是职业教育教学中一种比较常规的教学方法，突破了传统的教学模式，通过解决实际问题来实现教学目标，提高了学生学习的积极性和主动性，通过目标教学，学生的动手能力、解决实际问题能力得到明显提高。这种教学方法对学习水平差、自控能力弱的学生很有促进作用，特点是教学中确立了理论为实践服务，注重知识的实用性，有的放矢地培养学生，倡导教学过程中师生的双向互动，并以此确保教学目标的实现。

行为导向法是指以一定的教学目标为前提，以学生行为的积极改变为教学的最终目标，通过灵活多样的教学方式和学生自主性的学习实践活动塑造学生的多维人格。在教学活动中，适宜采取科学、合理、有效的教学方式和积极、主动的学习方法，其教学组织形式可根据学习任务的不同而有所变化，如项目教学、任务驱动、角色扮演等。

4. 提高教学的针对性和实效性

情境教学法是指在教学过程中，教师有目的地将课程的教学内容安排在一个特定的情境之中，以引起学生一定的态度体验，从而帮助学生理解教学内容、学习新知识，并使学生的心理机能得到发展的教学方法。情境教学是在对教学内容进一步提炼与加工后教育影响学生的，都是寓具体的教学内容于一定的情境之中，必然存在潜移默化的暗示作用。这种方法锻炼了学生的临场应变和分析思维能力。

模拟教学法是在教师的指导下，由学生扮演某一角色或在教师创设的一种背景中，把现实中的情境或问题展现到课堂，并运用一定的实训设备进行模拟演示或展示的一种教学方法。模拟教学的意义在于创设了一种高度仿真的教学环境，构架起理论与实践相结合的桥梁，能够全面提高学生学习的积极性和主动性。

（三）运用现代信息技术手段提高高等数学教学效果

高职数学教学运用现代信息技术手段，必将有力地促进高等数学教学内容体系的建立，推进高等数学教学方法与手段的改革，甚至在一定程度上创新高等数学教学模式。当信息多媒体技术应用到数学教学以后，教学思想、教学组织、教学过程及教学模式必将发生深刻的变革，从而使数学教学方法更加灵活，教学手段更加先进，教学内容更加丰富，教学效果更加显著。由于教学方法的改变，教学方式必将由"教师、教室和教材"三位一体转到人机对话的方式，这样既可以有效地实现程序化教学，又可以提高学生学习的兴趣和主动性，体现以学生为主体的教育思想。应用现代信息技术可以使教师摆脱重复劳动的境况，也能很好地实施因材施教原则，我们要不断增强现代教育技术的"交互性"和感染力，积极探索高职高等数学教学的有效方法与手段。

在高职高等数学教学中，要积极引进计算机辅助教学、开展数学实验和数学建模等活动，不断提高现代信息技术的应用能力和水平，加深学生对所学知识的理解和运用。数学实验把数学教学从教室扩大到信息技术实训室，拓宽了高职数学教学的空间，促进了理实一体化教学的积极开展，激发了学生的学习兴趣，增强了学生学习高等数学的积极性和主动性。

数学建模实质上是一种创造性工作，对提高高职院校学生的综合能力很有帮助，对高职院校学生将来参加工作、解决实际问题具有非常重要的作用。例如，每单元学完后，可根据学生专业实际编排一些简单的与专业联系的数学建模问题，鼓励学生通过查阅资料、合作探究，利用现代信息技术手段去完成并解决，扩大了学生的知识应用面，提高了学生分析解决问题的能力和创新精神。

第五节　基于专业服务的高等数学在高职各专业的应用举例

数学建模就是应用数学知识、数学的方法论，认识现象、理解现象、用数学描述现象并解释现象的过程，是对现实问题为了某种目的而做出抽象、简单的一种数学结构。将数学建模的思想与方法引入高职高等数学课堂，能够充分展示数学的应用价值，彰显高等数学的特色，可以使数学教学实现由"实践—理论—再实践"的过程，促进高职数学教学与专业实际问题解决的联系，达到学以致用的目的，保证高等数学的教学模式与高职院校"工学结合"的人才培养模式相吻合。

在高职数学教学中融入数学建模活动、积极尝试现实案例教学，可以改变原有数学课程的架构与内容体系，创新高职数学教学模式，建立高等数学与专业课程及实际问题的广泛联系，让学生发现专业与数学知识的对接点，扩大数学在专业或专业群中的应用，激发学生的学习热情，培养学生的创新精神。

数学建模问题多种多样，建模思路、方法、过程及使用的数学工具不尽相同，发展空间十分广阔。建模活动不追求知识和结果，关注过程的合理和技能的提升，数学建模要经过哪些具体步骤并没有统一的步骤，但人们总结了数学建模的一般过程，具有普遍的指导意义。其一般步骤为：问题分析—模型假设—模型建立—模型求解—模型分析与检验—模型应用。

一、银行借贷问题

随着人们生活水平的提高，房价的不断上升，人们开始向银行申请个人住房贷款。其还款方式有以下两种。

（1）等本不等息递减还款法，即每月还贷本金相同，利息逐月减少。

（2）等额本息还款法，即每月以相等的额度平均偿还贷款本息。

请分析这两种还贷方式的利弊。

设贷款 20 万元，分 30 年还清，年利率 5.04%（月利率 0.42%）。

（一）第一种还款方式

每月还本金 555.56 元，而第一个月需要利息 200000×0.0042=840 元，第一个月需还总额为 1395.56 元。

第二个月还本金 555.56 元，还息为（200000–555.56）×0.0042=837.67 元，总额为 1393.23 元。

最后一个月还款仅为 555.56+555.56×0.0042=557.89 元。可以计算按此种还款方式累计还款总额 351 620 元，还款总利息为 151 620 元。

（二）第二种还款方式

为方便计算，设贷款本金为 a0，月利率为 r，第 n 个月后欠款金额为 an，每月还款额度为 X，则第一个月后欠款额为 a0(l+r)–X0。

第一种还款方式（等额本金）是前期还款压力比较大，后期还款压力较小，这种还款方式最省利息。第二种还款方式（等额本息）是每月的还款额相等，还款压力相对较小，但是贷款产生的利息较多。

二、保险收益问题

（一）问题的提出

中国人寿保险公司推出了新生儿保险业务，保险合同中的有关条款为投保范围是未满 1 周岁的新生儿，投保人需连续缴纳保险费，且每年交费 1 694 元。保险公司的给付金额情况是被保险人 1 8 岁时，给付成人保险金 1 万元；被保险人 22 岁时，给付创业保险金 1 万元；被保险人 25 岁时，给付婚嫁保险金 1 万元。

现在，如果不考虑保险的其他功能，仅从储蓄的角度出发分析并探讨问题。

（1）假如银行年连续复利率 r=0.02，比较买保险和直接存款哪种方式更合算。

（2）假如银行年连续复利率 r=0.02，且给付婚嫁保险金 1.5 万元，比较买保险和直接存款哪种方式合算。

（3）假如银行年连续复利率 r=0.05，且给付婚嫁保险金 1.5 万元，比较买保险和直接存款哪种方式合算。

（二）问题的解决

为了对保险和直接存款能在同一层面上进行比较，我们通常就投保人缴纳的保险费和保险公司给付的保险金额分别进行现值计算，然后就现值进行比较，从而得出本题的结论。

如果仅从储蓄的角度考虑，第一种方法和第三种方法是存款合算，第二种方法是买保险合算。

从人类社会的历史发展来看，数学与日常生活及生产实际紧密相连，数学可以解决日常生活及大千世界中各种各样的实际问题。另外，科学的数学化、工程技术的数学化以及人文社会科学的数学化都已成为现实，随着现代职业教育体系的建立，数学在高职教育中的地位越来越重要，已渗透并应用到高职的所有专业，可以说，数学的应用在生活中无处不在。除了上述所谈案例之外，还有许多其他专业的案例都可通过建立数学模型来解决。例如，机电类专业加工过程的最佳方案设计问题，石油化工专业的石油开采问题、新材料合成问题、节能问题、环境污染治理问题，建筑专业的建筑物的抗震问题，医学专业的糖尿病诊断问题、传染病问题，物流专业的最佳运输路径、最佳装载及最佳仓储问题等。看到一切具体现象被数学化的过程就是进行数学建模，通过融数学建模于高职数学教学之中，可有效提高学生的应用能力和专业转型能力。

优秀的数学教学设计不仅能使学生正确地认识和理解数学，还能使学生学会如何掌握和运用数学知识。开展数学建模活动可以激发高职学生学好高等数学，只有学好高等数学才能为学生开展数学建模提供支持、创造条件。通过开展数学建模活动，不仅使学生思维得到锻炼、数学应用意识得到加强，而且使学生能积极、主动地运用数学知识，分析解决行业、专业及日常生活中的实际问题。

数学建模的过程是一个创新的过程，数学建模不同于数学理论教学，对实际问题的研究往往并不存在所谓的标准答案，随着对问题的深入理解，解决问题将是一个不断创新的过程。让学生探讨一个非常实际的专业或行业问题，学生会产生浓厚的兴趣，其自主创新能力将得到很好的发挥和培养。数学建模内容丰富、方法灵活、信息量大，不需要高深的数学理论和太严密的数学推导，非常适合高职学生的特点。因此，融数学建模于高职高等数学教学之中，积极开展案例式教学等数学实践活动，是高职高等数学教学为专业服务的重要举措。

第五章 高职数学教学改革中学生创新能力的培养

第一节 数学创新能力与数学教学改革

当今世界教育改革总的趋势是如何使教育本身具有较强的活力和较高的效率，能及时培养出高质量的人才，以便适应社会、政治、经济、科学、技术和新时期青少年身心不断发展的需要。培养人才的关键是培养学生的创新能力。高职数学教学改革的目的是培养学生的创新能力，创新能力的培养又推动了数学教学改革的发展。数学创新能力是创新能力在数学活动中的具体体现，因此，数学创新能力培养对数学教学改革具有指导意义。

一、创新能力与数学创新能力

（一）创新能力的内涵

能力是指能胜任某项任务的主观条件，同能耐、技能、本领、才干是相同的。这里所说的创新能力，是指能够达到创新这种效果所具备的能力。创新能力是由知识和技能催生的一种能力，确切地说，是多种能力的综合。显然，这并不是人人、事事、处处、时时都有的，创新能力的产生和体现并非轻而易举的，需要在教学实践中有意识地加以培养。

创新能力包含创新意识、创新精神和创新思维三个基本要素。

创新意识是创新能力的前提和关键，有了创新的超前意识，才能抓住创新机会，产生创新方法，启动创新思维去获得创新成果。

创新精神是远大理想和追求，有强烈自信心、爱国主义和国际合作精神，以及细致观察、艰苦踏实、锲而不舍的作风。创新精神是闪现"创新"的灵感火花，产生思维跳跃的必备条件。

创新思维是各种思维形式结合的结晶，在创新活动中起主要关键作用，是创新能力的核心内容。创新思维品质是敏捷性、深刻性、灵活性，广阔性、批判性、独创性等各种思维品质的综合体现。要求运用抽象思维、形象思维、发散思维和直觉思维等多种思维形式，善于从不同角度思考问题，并尽可能地提出多种猜想和答案，灵活地变换影响事物质和量的某种因素，产生新的思路，优先解决问题的最佳答案。

平常我们谈得较多的是正在参与实践过程中体现的创新能力，叫作显创新能力。随着社会的发展和科学技术的不断进步，时代要求人们不但要珍惜和发挥这种显创新能力，还要去发掘、扶植和鼓励那些蓄势待发的、处于胚芽状态的潜创新能力。潜创新能力具有非确定性、相对性和艰难曲折性。最迷人的追求往往不是现实的，而是将要转化为现实的未来。人们应当积极地创造各种条件，去开发充满希望的、巨大的"潜能"，使潜创新能力转化为显创新能力。

现代数学教育理论普遍认为，数学能力是顺利完成数学活动所具备的，而且直接影响其活动效率的一种个性心理特征，是在数学活动过程中形成和发展起来，并在这类活动中表现出来的比较稳定的心理特征，数学能力按数学活动水平可分为创造性数学能力和一般性数学学习能力。创造性数学能力指开拓和发展数学知识的创造能力。一般性数学学习能力指掌握和应用数学知识的学习能力。数学创新能力是指能够达到创新这种效果所具备的数学能力，是以创造性数学能力和一般性数学学习能力为基础，由数学知识和技能催生的一种能力，确切地说，是多种数学能力，包括思维能力、运算能力、空间想象能力、解决实际问题的能力以及数学创新意识和创新精神的综合。数学创新能力同样包括显数学创新能力和潜数学创新能力，也可以这样说，数学创新能力是在数学活动过程中形成与发展，并体现出的创新能力。

（二）创新能力的特征

创新能力是指思维主体能动的把握创新对象，通过对创新对象的思考和激发，从而促进思维主体创新发展的过程的能力。创新思维的主体是人，人们对除创新主体以外的人和事物的思考和归纳总结，构成了创新客体，思维主体作用于思维客体的过程，形成了创新思维。具体而言，创新思维包含主体发现新事物、新规律、发现问题新的解决办法等思维过程。通常，这种思维过程并不局限于是不是首次被发现，而是指对于思维主体而言是不是首次对此问题、规律、方法等的发现。创新思维有助于思维主体对思维客体的理解和认知，有助于对其本质以及内在联系的揭示，并在此基础上通过比较、分析、归纳、演绎等方法而得出新思想、新观点和新方法，从而达到创新的目的。

数学的创新思维是数学素质教育的重要方法。数学作为思维创新的载体，对思维主体的逻辑分析能力、综合判断能力等都有重要影响。而数学作为教育中不可或缺的课程，其创新教育的实践程度是创新教育的实际成效的重要判定内容。具体而言，数学的创新思维主要是指以数学的基本理论知识为基础，通过独立的思考和分析，在主动探索的过程中，积极创新思维因素，运用比较、分析、综合、归纳、演绎等数学方法，充分认识数学理论知识的本质，并得出理论之间的内在联系和规律，以更好地掌握各种数学问题的解决方法。创新思维要求思维主体在认识思维客体的过程中着力挖掘客体本质及其差异性。而数学的创新思维则要求创新主体在对待数学理论知识时，要着力从数学的文字表示深化到数学的逻辑思想，并灵活运用到相关或者相似的数学理论中去。创新思维的特征主要表现在主动性、独创性、求异性、发散性和综合性等方面。

（1）主动性。主动性是指人在完成某项活动的过程中，来源于自身并驱动自己去行动的动力的强度。对客体的创造性发现需要思维主体付出努力和实践，而思维主体的思维方式的设计会对创新思维的结果产生重要影响。思维主体的主动性是创新思维的重要驱动因素，缺乏主动性将很难获得满意的创造性结果。

（2）独创性。独创性强调了思维的独立性和差异性。从创新思维的定义和内容可以看出，创新思维的独创性主要表现在新思想、新观点和新方法的发现。而这些新思想、新观点和新方法的发现应建立在独立思考的基础上，并表现出其中的差异性。要求思维主体应该不受已经形成的思维定式和思维惯性的限制，打破思维界限，对相关知识的理解和应用提出自己新颖的见解，提出合理的新突破点，使得认识主体对客体的认识进一步深化。

（3）求异性。求异性是创新思维最为本质的特征，要求思维主体通过各种思维方法，找到与思维客体之间的不同之处，通过运用前述的独创性，打破已经形成的思维定式和思维惯性的限制，找出与传统习惯先例不同的思维点，得到新的创新点。求异性要求创新思维主体站在已有的知识系统基础上，寻找新的突破点，找到解决问题的新思路。

（4）发散性。发散性是指在创新思维的形成过程中要将思维客体的相关要素进行联系。对某一问题的条件和结论要进行思维扩展，结合相关知识，并对其举一反三，深入其本质进而理解问题。发散性可分为横向发散和纵向发散。横向发散主要包含对一个问题的理解，带动相似问题的理解和解决，并找出其中的共性，得出其本质规律。纵向发散思维是指将一个简单的问题进行深化，分析在条件进一步深入的情况下，提出新的设想，分析新出现的问题，并思考其解决办法。大胆怀疑，精心求证，将一个问题进行灵活多样的发散思考，从不同的角度来思考同一个问题，将其融会贯通。

（5）综合性。综合性要求思维主体能够正确处理整体和个体的关系，不仅要解决个体问题，更要从整体上思考问题的来龙去脉。挖掘表现形式不同但实质相同的问题，在解决一个问题的同时能解决一系列问题。从各种信息中提炼出有用的条件，将其归纳、整理，并总结出有用的思路，从而达到创新思维的目的。

创新思维的以上基本特征体现在思维过程的各个阶段，深入了解并运用这些特征对创新思维的形成具有十分重要的作用。

二、数学教育与创新思维的关联

创新是一个国家和民族进步的灵魂，而创新培养最重要的环节在于教育。为实现我国经济社会向创新型国家转变，国家逐步将教育体制向素质教育体制转轨，以提高学生的综合素质。创新教育作为素质教育的重要途径之一，已逐步得到社会各界的广泛关注和重视。创新教育是根据创造学的基本原理，运用科学、艺术的创造性教学方法，启迪学生的创造思维，塑造学生的创造性个性，培养学生的创造意识和能力，提出创造性人才的新型教育。创新思维是创新教育的核心组成部分。

（一）数学教育对培养创新思维的作用

"数学教育的作用还不只是学习数学自身，通过它还能达到对人的思维进行训练的目的，达到开发智力的目的""数学教育与人的创造力的关系甚为密切"。[①] 分析数学教育对创新思维的影响，是培养学生数学创新思维的重要方法。以下主要从教育学视角、心理学视角以及数学视角来分析数学教育对学生创新思维培养的作用。

1. 教育学视角

从数学教育的规律来看，数学教育促进了数学的发展，促进了人类自身数学思维的发展，从发展来推动创新；从数学教育教学的模式来看，不论问题引导模式、发现模式还是研究模式，都是以探索来实现创新；从数学教育的研究方法来看，无论是观察、实验、问题讨论，还是合情推理等，都是从认识未知来达到创新。数学教育作为教育学中的重要组成部分，是学生综合素质提高的重要组成部分。数学教育在现实生活中常常有两种功能：①数学教育事实上起到了一个"筛子"的作用。②为培养未来的数学家和科技工作者服务的。这也就是为什么数学在各阶段学校教育课程中一直保持着特殊重要地位。两个世纪以来，数学被作为学生进入多种职业的筛选手段或"过滤器"。

我们常说科学技术是第一生产力，生产力就是一种创新。但作为知识形态的生产力如何才能成为现时形态的生产力，其基本途径是通过教育将科学知识内化于劳动者。由于数学的形式特征，即数学并非对于客观世界量性规律性的直接研究，而是包括对于研究对象的重新构造，特别由于数学是"思维的自由想象和创造"，能构造出各种可能的量化模式。如在教育教学中的"一般化"到"特殊化"就可以看成是通过变化来创造新的数学模式的方法；由"实质的公理化"到"形式的公理化"的发展则更为"自由创造"提供了现实的可能性。就现代科学研究而言，数学被认为是提供了必要的语言，特别的数学语言的应用也就为新的科学概念提供了现实应用的可能性。正如美国学者戴森所说："对于一个物理学家来说，数学不仅是可以用来计算现象的工具，而且

---

① 郑兆基，姜国才. 教书育人概论 [M]. 哈尔滨：哈尔滨工业大学出版社，1991.

是可以创造新理论的那些概念和原则的主要源泉。"[①] 人类的最大特征具有随着时代的节拍不断进步发展的性质，即具有发现发明和创意创新的能力，而这种能力正是一切其他生物几乎不具有的、人类独特的本领，要充分发挥人类独有的这种最高贵的性能，莫过于妥善利用数学教育。

2. 心理学视角

从心理学的角度来分析数学教育对创新思维的影响，有助于我们采取适应人类认识规律的措施来更有效地促进创新思维的培养。人的思维通常要经历由低级到高级、由具体到抽象的思维过程。数学的创新思维则会经历由直觉思维到具体形象思维，再到抽象逻辑思维。

在直觉思维过程中，思维具有自由性、灵活性、自发性、偶然性等特点，在此阶段，思维主体会自动应用自身前期的知识储备，通过丰富的想象迅速对思维客体做出假设、猜想和判定。直觉思维作为创新思维的起点，对创新思维成果的形成具有重大的推动作用。在数学的教学过程中，直觉思维可能最初表现的是对数学问题和数学知识点的文字性理解，以及在自身基础知识的基础上做出的对数学命题的快速假设、猜想和判定。在这一阶段，学生直觉思维培养一个很重要的方法是教师的开放性教学，在这种开放性的教学过程中多应用开放性问题，即数学问题条件或者结论不唯一、不明确，允许学生对问题的看法合理地假设和猜想，并引导学生从不同视角去观察、思考问题，以提高学生的一种直觉意识、直觉能力。注重学生直觉思维的层次性培养，这种培养需要学生在平时的数学学习中打下坚实的基础，这样数学直觉思维才能沿着正确的创新思维的方向发展。

经历了快速而敏捷的直觉思维之后，人的思维进入具体形象的思维。在这个阶段，思维主体通过搜集资料，对客体的理解逐渐转化为公式、图形、理论框架等，将第一阶段形成的直觉思维概念明晰化、图像清晰化和视觉可视化，以促进思维主体对思维客体理解的深化。而对数学教学的创新思维生成机制而言，教学主导者在这一阶段会将第一阶段对数学知识点的命题假设、猜想和判定进行深化分析和图文展示，会采用建立理论框架、构造数学图形、建立数学模型、设立计算公式等辅助方式来促进学生对具体知识点的认识和理解。具体形象思维是数学创新思维过程的重要组成部分，是创新思维形成的有效助推器，通过借助各种辅助方法来分析问题，最终不仅可以对问题有具体的理解，还能在整体上把握知识的结构，理解相关知识点的联系。通过具体形象的思维过程之后，思维主体对思维客体有了去伪存真的分析，并能确定正确的思考方向，继续深入分析将会有理有据，抽象逻辑思维顺应而生。在这个阶段，思维主体根据前两个阶段的思维准备，对条件、假设、资料进行提炼，通过概括、判断和推理来分析并反映事物的本质属性和规律性联系。数学的抽象逻辑思维就是建立在对前

---

① 戴森. 宇宙波澜 [M]. 上海：上海科学技术文献出版社，1982.

述概念、公式、图形、模型、框架等内容的分析，从而反映特定数学知识点或者问题的本质以及思路等规律性内容。

通过思维主体的直觉思维到具体形象思维，再到抽象逻辑思维，思维主体对思维客体的认识逐步由浅到深、由具体到抽象、由表及里。在建立这一逻辑思维过程中，要强调理解抽象逻辑思维的严密性、准确性和明确性。逻辑思维的严密性是数学思维最基本的精神，也是数学逻辑思维能力最根本的衡量标准。严密的逻辑思维使得人们对事实及其相互间的关系更深刻、透彻，准确性和明确性是构成完善创新思维系统体系的基本要求和条件。思维主体可以在培养创新思维的过程中，将思维分为三个阶段，体现出思维主体在创新思维培养过程中的渐进性和过程感，进而促进其在各个过程中寻求新的突破，将具体的数学问题或抽象化或具体化，思维或横向扩展或纵向扩展，形成良好的创新性思维。

3. 数学的视角

从数学的视角来看，有助于人们直接将创新思维生成机制运用到实际的数学教育中去，更好地促进学生数学创新思维的培养。作为研究现实中的数量关系和空间形式的科学，数学不管在理论上还是在实践中均发挥重大作用。现在有越来越多的人接受了这样的观点，"高新科学的基础是应用科学，而应用科学的基础是数学"，从而可以说"高新技术本质上就是一种数学技术"。① 创新思维的生成在具体的数学学科上主要表现在以下几点。

（1）夯实数学基础知识和掌握基本技能。基本的数学概念、数学原理和规则是数学的框架，是数学创新思维原点，也是数学创新思维的落脚点。万丈高楼平地起，数学的基础知识和基本技能犹如建筑物的地基，其稳固程度将直接影响之上的建筑物的质量和稳定性。不扎实的地基无法稳固地支撑建筑物的存在，所谓建立在不扎实的数学基础知识和基本技能之上的创新思维，也不过是一时的胡思乱想。众所周知，"三等分角"问题被称为古希腊三大作图问题之一，这本是一个带有终结性结论不可能的问题，但直至今日仍有不少人为此问题争论不休。一般来说，一个不是为了考试、没有任何功利性、对数学问题保持纯粹兴趣的人，他的潜能不容小觑，如果我们能有意义地引导，这对人才的培养多么重要。为此，裴光亚先生感叹道："一些具有创造性潜质的学生的兴趣就这样被耗散了，这难道不是教育的悲哀吗？"② 因此作为数学创新思维的出发点，数学基本知识和基本技能的积累是何等重要。

（2）数学思想方法的培养。在数学创新思维的形成中有多种多样的方式。不同的方式适用于不同的数学条件和假设，也适用于不同的思维主体。这些方式方法中，数学思想方法扮演着重要角色。如数学中的逆向思维法是指为实现某一创新或解决因常

---

① 上海市中学生数学应用知识竞赛委员会. 高中应用数学选讲[M]. 上海：复旦大学出版社，2005.
② 裴光亚. 高考数学热门题[M]. 武汉：湖北教育出版社，2002.

规思路难以解决的问题，而采取反向思维寻求解决问题的方法。人类的思维具有方向性，存在正向和反向的思维，由此思维被分成正向思维和逆向思维。逆向思维是指悖逆人们思维路线的一种思维方式，在某些情况下，按照人类常规的思维方式无法得到满意的结果，但是往往逆向思维会给人们带来意想不到的效果。逆向思维法主要可以分为三类，即反转型逆向思维法、转换型逆向思维法和缺点逆向思维法。反转型逆向思维法是指从已知事物的相反方向进行思考，产生思维的途径的方法；转换型逆向思维法是指在解决问题时的方法无法达到预期目的时转换方法，从而达到目的的方法；缺点逆向思维法是指利用事物的缺点，将缺点变成可利用的东西，化被动为主动，化不利为有利的思维方法。在数学中，逆向思维在促进创新思维的形成中发挥重要作用，对于数学条件，我们可以从人类常规的思维方向进行分析，但是往往我们会在推导过程中遇到阻碍，如果能够充分有效利用的逆向思维方法，从结论出发去假设和还原条件，可能会打开我们的思路，从而解决问题。

（3）关注学生基本数学活动经验。所谓基本数学经验，是指在数学目标的指引下，通过对具体事物进行实际操作、考察和思考，从感性向理性跃变时形成的认识。数学经验来源于日常经验，且超越日常经验。比如，折纸活动，可以是一种日常活动，可以是美学欣赏，可以是技能训练，也可以是数学活动。但数学活动的折纸，其目的是一种数学学习，一种数学思维，它有目标、有内容，但又有别于一般的数学思维活动。如在"指数"的教学活动中，教师先拿出一张纸，对学生说："这张只有 0.1 毫米厚的纸，如果对折 30 次，就可以使它的高度超过珠穆朗玛峰，不信大家可以算算看。"数学之于经验，是人们的"数学现实"最贴近现实的部分。人们学习数学，形成了数学现实，这个数学现实就像一座金字塔，从与生活密切相关的底层，逐步抽象，直到生活中找不到原型，如哥德巴赫猜想已没有生活的原型。正是这种基本数学经验的积累，作为数学抽象活动的基础，经历了从感性到理性认识的全过程，创造出了数学大厦。

（二）创新思维培养对数学教育的影响

数学是思维的体操，数学反映了一种思维方法。美国数学家哈尔莫斯认为："数学是创造性的艺术，因为数学家创造了美好的新概念；数学是创造性的艺术，因为数学家像艺术家一样地生活，一样地工作，一样地思索；数学是创造性的艺术，因为数学家这样对待它。"[①] 由于数学本身能激发人的创造力，对创新思维的培养也有助于发展和锻炼人的数学思维，再由于纯数学自身各个分支的联系，以及数学与各门科学之间的关系，通过创新思维的培养可促使学生清楚地认识和了解数学原理与事物之间的关系是密不可分的。从创新思维培养的角度分析对数学教育的影响，主要可以分为两个部分，即有助于加强学生对数学的理解和可以有效推进数学课程改革。

① 保罗·哈尔莫斯. 我要做数学家 [M]. 马元德译. 南昌：江西教育出版社，1999.

1. 有助于加强对数学的理解

"要迎接科学技术突飞猛进和知识经济迅速兴起的挑战，最重要的是坚持创新，创新是一个民族的灵魂，是一个国家兴旺发达的不竭动力"①。创新的关键在人才，人才的成长主要靠教育。教育在培养民族的创新精神和培养创造性人才方面肩负着特殊的使命，那么，创新思维的培养对数学和数学教育又有什么样的影响呢？数学教育中，培养学生的创新思维在宏观层面上来说，应创设符合创新教育要求的数学课程目标，构建完整的数学课程体系，并在数学教学过程中不断优化课程结构。创新思维的培养"首先要强调对数学基本概念、数学基本原理的理解，强调经过适当训练使'双基'得以落实""在形成数学基本能力的过程中，鼓励学生勇敢提出疑问，向书本知识和权威挑战，提倡在数学学习过程中的争论、质疑"②。在培养学生的创新思维中，"观察、分析、比较、类比、归纳、综合、抽象、概括等时刻都在发挥作用"。

创新思维需要探索、猜测和反驳，需要想象、直觉与形象思维，而数学本身就是一种探索性的活动，也需要猜测、反驳、想象、直觉与形象思维。数学中的创新思维，往往会推进数学的发展。我们知道，$x^2+y^2=z^2$ 是直角三角形三边之间的关系，满足此等式的正整数有无穷多个，但 17 世纪法国数学家费尔马在阅读丢番图《算术》拉丁文译本时，曾创造性地思考一个问题：不定方程 $x^n+y^n=z^n$ 在 n 大于 2 时不存在正整数解。几百年来，无数人力图证明这个创新思维成果，但都未获得成功。但有意思的是，在证明这个猜想的过程中，数学家获得了一系列成果，其中最重要的有德国数学家库莫尔创立的"理想数论"。希尔伯特曾经说过，他已找到一把神秘的钥匙，有可能解开费尔马大定理证明之谜，但他不愿意这样做，因为他不想"轻易杀掉这只能为人类生出金蛋的母鸡"③。在人类的数学史上还有很多这样的例子，如英国数学家哈代和李特沃德创立了堆垒数论中的"圆法"；在解决"连续统假设"问题时，美国数学家科恩创立了"力迫法"；在证明"四色定理"的过程中，出现了机械化证明的方法，所有这些都推动了数学的发展。在对学生进行创新思维的培养过程中，不论是从数学课程、数学内容还是方式方法，都要有意识地加强教育引导，这样无疑会推动学生对数学深层次的理解。

2. 促进数学课程和数学教育方法的变革

冯建军先生认为，实施创新教育的关键在于课程改革。④ 在设置数学课程目标时，应考虑做到陈述性知识、程序性知识和策略性知识的统一，认知因素和情意因素的统一；在设置数学课程时，应注意知识课程、情意课程、活动课程和自我发展课程的融合；

---

① 《建设创新型国家实用手册》编写组 . 建设创新型国家实用手册 [M]. 北京：中国方正出版社，2006.

② 王纪辽 . 浅谈小学数学教学中培养学生的创新思维 [J]. 信息教研周刊，2011(15)：16-18.

③ 罗增儒 . 数学解题学引论（第 2 版）[M]. 西安：陕西师范大学出版社，2001.

④ 冯建军 . 当代教育基本理论研究新进展 2010-2020[M]. 福州：福建教育出版社，2023.

在优化数学课程结构过程中，注重与多学科课程的融合，加强综合课程的建设，淡化功利性数学课程，加强数学活动课程尤其是综合实践课程，培养学生综合运用数学知识解决问题的社会实践能力；以数学隐性课程为"底色板"，开发校本课程，力求使正规课程与隐性课程、国家课程与校本课程相结合；加大数学选修课的比例，促使学生的个性尽可能充分发展成熟。国家和学校应着眼于整体上数学教育理念方面，相关教育管理机构和职能部门在政策上引导并鼓励以学校为主的教育机构，加强树立数学教育对学生创新思维的培养理念力度，将创新培养机制的政策理念传达给各教育机构，并制定出一套相应政策，以鼓励积极实践创新思维培养的数学教育。

在数学课程的实施中，应营造民主的学习氛围，鼓励学生多提数学问题，倡导积极独立的数学思考。数学教师作为课堂教学的引领者，应扮演好多种角色——当学生感到茫然时，他是组织者；当学生在数学学习困难时，他是引导者和合作者，目的是必须注重对学生数学思维禁锢的解放，鼓励学生在学习过程中多角度思考问题。在学生数学学习的过程中，教师应知道在适当的时候组织学生进行小组讨论，鼓励学生和学生之间的数学交流，以团体的讨论激发个体创新思维的火花。教师应对学生积极的学习态度予以表扬，以榜样的力量激励其他学生主动学习，及时梳理、总结经典数学问题和完善知识系统。教师在教学过程中，不能仅仅关注数学知识的教学进度，应该了解学生的数学知识掌握情况，并在适当的时候将前述的知识点进行总结，对比融合前后知识点，并通过具体题目和问题的讲解，引导学生对知识点的深入理解和掌握。

要培养学生的创新思维，就要注重培养学生的数学学习兴趣。朱清时先生说："好奇心和兴趣是一个人有没有创新能力最基础的条件，创新能力最本质的要素，第一是好奇心和兴趣。"[1] 要将数学知识通过各种教学设施，如利用现代信息技术将课内的数学知识和课外的实际结合起来，生动地展示给学生。注重知识的渐进深化过程，使学生体会到解决数学问题深化数学问题的乐趣，并积极思考数学知识的下一步深化方向和过程；要培养学生的创新思维，鼓励学生独立思考问题，对一个数学问题不仅仅要知道答案，更要深入了解其相关知识的运用，对具体数学知识点进行讲解时，不应仅仅局限在讲解数学问题的答案，而应该帮助学生发现数学问题解决的方法、思路和解决此类问题的一般途径，并鼓励学生联系这一思路去解决新的相似和相关的问题，达到触类旁通的效果，在教会学生一种解题思路之后，引导学生从新的角度和新的突破口来独立思考，找到解决问题的新方法；要培养学生的创新思维，就要加强对学生观察力的培养，积极引导学生深入分析条件，培养学生的直觉能力，徐利治教授曾说过："数学直觉是可以后天培养的，实际上每个人的数学直觉也是不断提高的。"[2] 直觉思维能力是可以在学习过程中逐步地提升的，直觉思维经常与解决数学疑难问题相联系，

---

① 朱清时，姜岩.东方科学文化的复兴 [M].北京：北京科学技术出版社，2004.

② 徐利治.浅谈数学方法论 [M].沈阳：辽宁人民出版社，1980.

对于具体的数学问题，要指导学生去伪存真地分析其条件，并结合基础知识深入思考问题，找到问题的突破口，将问题由简单到复杂、由浅入深地来解决；要培养学生的创新思维，就要培养学生的批判意识。学生在数学学习中批判地接受数学知识，对数学问题和结论批判性地进行思考，不迷信于教师、书本和权威，不人云亦云，有意识地引导学生提出相反问题、不同的思路和方法，形成良好的质疑习惯，只有不断质疑和求异才会有新的发现。正是由于罗巴切夫斯基提出对欧几里得"第五公设"的相反的断言，才诞生非欧几何。

数学教育与创新思维的培养是相辅相成、互相促进发展的，二者对数学、思维、数学教育、创新思维的培养方面从不同层面和深度发挥着重要作用。因此，我们在研究和实践数学教育和创新思维时，要促进两者有机结合，推动两者共同发展，这样才能有效地推动数学教育走向康庄大道，才能从根本上保证学生创新意识、创新思维的发展和完善。

（三）创新能力培养是数学素质教育的重要课题

教育为适应未来社会发展的需要，就必须进行整体改革，实现由应试教育向素质教育的转变。"素质教育"是我国教育改革的中心议题。何谓素质？广义上理解为在先天与后天共同作用下的身心发展的总水平，也包括未来发展的可能性部分。素质教育则是指依据人的发展与社会发展的实际需要，以全面提高全体学生基本素质为根本目的，以尊重学生的主体和主动精神，注重开发人的智慧潜能，形成人健全的个性，提高人的独立性、积极性、自主性和创新性等主体性品质为根本特征的教育。

实施素质教育就是全面贯彻党的教育方针，以提高国民素质为根本宗旨，以培养学生的创新精神和实践能力为重点。在实施素质教育过程中，把创新能力的培养作为素质教育的主旋律，保证实施素质教育的明确方向，有利于学生学习过程中生动活泼、自主主动，有利于学生扩大知识面，塑造正确的科学人生观，有利于培养学生的独立思考能力、创造才能。

数学的特性决定了它在发展人的素质方面的功能特征，由数学学习发展的人的素质，并不仅仅可以单纯地改善人的数学活动状况，而且将影响从事各行各业的活动。

数学素质就其内容来讲，主要包括数学知识、数学技能、数学能力以及自觉运用数学知识解决问题等。数学教学中的素质教育归根到底是使数学学科的良好品质在个体身上本质化、机能化、内在化，使之不仅在数学行为，而且在整个参与社会生活的过程中起作用。数学素质教育是培养学生获取数学知识、应用数学知识的能力，进而发展其创新能力的教育。数学素质教育是一种以全面提高学生数学素质为目标，以学生发展为本的现代数学教育观。提高数学素质是一个潜移默化的过程，是逐步增强创新能力的过程。因此，在高职数学教学改革中，就必须改变把数学教学用来应付短期行为的现象，其表现是教学仅仅应付各种考试，抓题型、套套路、抠字眼，在课堂教学中则采取注入式。探讨数学教学同人的素质发展相结合，让学生在学习数学知识的同时，培养学生创新能力。

教育部 1999 年颁布的《面向 21 世纪教育振兴行动训划》明确提出："整体推进素质教育，全面提高国民素质和民族创新能力。"数学教育是教育系统工程的一部分，把创新能力培养作为数学素质教育的重要课题，有利于造就新一代创新人才。

（四）创新能力培养是数学教学改革的核心问题

教育要面向世界，高职数学教育更应如此，数学教育改革是世界性的。21 世纪，世界各国和各民族之间基于高科技的经济竞争越演越烈，一个国家要想在激烈竞争中立于不败之地，关键在于掌握高新科技，而掌握高新科技的关键在于高素质人才的培养。数学给予人们的不仅仅是知识，更重要的是能力。数学学科在发展高新技术以及培养高科技人才和提高民族素质中占有特殊的重要地位。教育是知识创新的主要传播和应用方式，也是培养创新精神和创新人才的重要摇篮，所以，高职数学教学改革要以学生创新能力培养为根本目的。

高职数学教学改革包括课程教材改革、教学方法改革、学习方法改革、教学方式改革、考试改革等。在课程改革上，要精选那些在现代社会生活生产和科学技术中有着广泛应用的，为进一步学习所必需，在理论上、方法上、思想上最基本的学生能接受的知识。在必修课和选修课中增加实习作业和研究性课题，为创新意识和实践能力培养提供了一个机会，其应有利于引导学生利用已有知识与经验主动探索知识的发生与发展，同时有利于教师创新性进行教学，更适合培养创新人才。

在高职数学教学方法改革上，数学教师必须转变教育观念，改变向学生灌输知识的单一教学模式，积极实行启发式和讨论式教学。教师应发扬民主教学，师生双方密切合作，交流互动频繁，激发学生独立思考及对数学问题的好奇心，让学生感受、理解知识的产生和发展的过程，培养学生的科学精神和创新意识，发展学生获取新知识、发展新知识和运用新知识解决问题的能力，以及用数学语言进行交流的能力。

在高职数学学习方法改革上，要立足于教会学生学习，也就是从"教会学生知识"转向"教会学生学习"。教的本质是为了学，帮助学生掌握科学的学习方法。把学会学习作为高职数学教学的重点，即指导学生掌握基本的学习过程，强调学生养成积极主动的学习态度。学会学习的数学教学过程既是学生获得数学基础知识与基本技能的过程，又是学生获得与增强创新能力的过程。

在高职数学教学方式改革上，大力推进信息技术在高职数学教学过程中的普遍应用，促进信息技术与学科课程的整合，逐步实现教学内容的呈现方式、学生的学习方式、教师的教学方式和师生互动方式的变革，充分发挥信息技术的优势，为学生的学习和发展提供丰富多彩的教育环境和有力的学习工具。国际数学教育委员会程序委员李秉彝先生预言："21 世纪最大的变化是数学技术引入数学教育，数学技术是 21 世纪高职数学教育的里程碑。"[①]信息技术的发展不仅使数学知识本身得以发展，也使学生的心理发生变化。处在富有刺激性的教学环境下的教学方式能够有效激发学生的学习兴趣，利用信息技术帮助数学教学可以使师生更好地进行创新性的教学活动，更有利于培养学生的创新能力。

在高职数学考试改革上，实行"创见式"考试，着重考查获取新知识、发现新问题和解决新问题的能力，考核方法必须为教学目标服务。考试题目将会有更大的变化，不拘泥于大纲内容，意味着"灵活多变"，提高应变能力将是未来备考的要事。如果把考试能力比作一部机器，那么创新精神则是润滑剂，数量很小，作用很大，打破"唯做题论"，全面发展学生数学素质。试题通常采取题组型的"开放"和"半开放"的模式，让学生发挥想象，编制探索型题组，揭示知识内在联系、引导学生发现创新。"科学的考试既要考核学生理解和掌握数学基础知识与数学基本技能的情况，又要考核学生的数学基本能力和综合应用数学能力，并注意评估学生的创新意识与能力的发展情况"。

综上所述，数学教学改革的几方面都是围绕着创新能力培养开展的。无论数学教学改革目的，还是内容，都是突出培养学生的创新能力。因此，创新能力培养是高职数学教学改革的核心问题。

第二节　数学教学改革实践中培养学生创新能力的探索

数学教学改革的出路在于创新，创新能力的培养是高职数学教学改革的核心问题。唯有创新，才能有所突破、有所超越、有所发展。高职数学教学改革实践在传授知识的同时应重视能力的培养，尤其是创新能力的培养。从数学思想方法教学、数学应用教学、现代信息技术在数学教学中的应用、数学"研究性学习"四个层面上探讨在高职数学教学改革实践中培养学生创新能力的认识与体会。

一、数学思想方法教学的研究与实践

（一）渗透数学思想方法完善学生数学认知结构

数学思想方法大致可分三类：①逻辑性数学思想方法，包括类比、归纳、演绎、分析、综合、科学猜想等。②宏观性数学思想方法，包括符号思想、化归思想、坐标思想、函数思想、数学公理化方法、极限方法等。③技巧性数学思想方法，包括换元

---

① 熊斌,(新加坡)李秉彝. 中国数学奥林匹克 2011—2014[M].北京:世界图书出版有限公司北京分公司，2022.

法、配元法、待定系数法、等价变换思想、数形结合思想、反演思想、数学模型方法、数学变换方法、数学构造方法等。

数学认知结构是学生将头脑里的数学知识按照自己理解的深度、广度，结合自己的感觉、知觉、记忆、思维、联想等认知特点结合成的一个具有内部规律的整体结构。学生的数学认知结构就是学科数学知识结构在大脑中的内化反映，通过这种内化过程，在学生头脑里形成一个动态的数学知识系统，即数学知识结构通过主体内容内化为数学认知结构。学生的数学学习过程是学生原有数学认知结构中有关数学知识和新学习数学知识相互作用，形成新的数学认知结构的过程。

数学教材是以数学知识结构和数学思想方法为两条主线贯穿展开的。两条主线经纬纵横，构筑成数学教材的高楼大厦。数学知识结构好比是数学教材的硬件，数学思想方法则是数学教材的软件，是构建学生数学认知结构、提高数学能力和数学素质的基本因素。方法是思想的具体表现、数学实践的操作步骤，而数学思想是对数学的事实、概念、理论、方法的本质认识和进一步概括研究，是方法的理论依据，对方法具有导向性作用。数学思想方法是数学能力的重要组成成分，是数学的"灵魂"。数学思想方法从属于经验系统，也是知识的一部分，如果把知识作为硬件的话，那么它就是知识的软件，有了数学思想方法才能使"硬知识"得以软化而转变为人的智慧，思想方法就是智慧。因此，只有用数学思想方法贯穿教学过程，才能使学生从本质上去理解教材中的知识，才能真正掌握各种具体的解题方法，才能把数学知识内化为学生的心智素质。在高职数学改革实践过程中，要在知识和解题方法介绍完后再引申一步总结思维策略，提炼数学思想方法。数学思想方法深刻揭示数学知识之间的本质联系，使数学知识之间具有整体性、统一性、系统性。数学思想方法既是联系各类数学知识的纽带，又为我们提供了学习和运用数学知识和思维策略的模式，因此在高职数学教学中注重数学思想方法教学，可以呈现给学生的数学知识具有较好的结构性，便于学生完善数学认知结构。

例如，新的概念、命题等总是通过与学生原来的有关数学知识相互联系、相互作用转化为主体的数学知识结构，学习和掌握公理化方法有利于学生理解数学知识之间的本质联系，掌握数学知识整体结构，有助于这种相互作用和转化的实现。数学变换方法能沟通数学问题之间的内在联系，使数学知识和解题模式构成一个有机联系的知识链。同时，数学变换方法还体现联系、运动、转化的思想，提供了一种动态思维模式。综上所述，只有学习和掌握数学思想方法，才能有助于在学生的头脑中形成一个既有肉体又有灵魂的数学认知结构。

（二）数学思想方法教学的教育功能

数学思想方法具有较高的概括性和包容性，数学思想方法教学能帮助学生顺利地实现两个迁移：①抓住概念、法则、公式、定理等共性，运用类比，如由平面几何的定理"正三角形内任一点与其三边的距离之和为定值"预见立体几何新命题"正四面体内任一点与其四个面的距离之和为定值"，实现知识上的迁移。②要不断研究运用知识方法上的共性，不断引导学生"举一反三""触类旁通"，努力实现能力上的迁移，从而达到能力的创新。后者更为重要，正如布鲁纳所指出的："掌握基本数学思想方法可以使数学更容易理解和记忆，更重要的是领会基本的数学思想方法是通向迁移的光明之路"。

1. 数学思想方法教学中让学生学会数学创新思维

数学思维是人关于数学对象的理性认识过程，亦是人脑和数学对象交叉作用并按照一般思维规律认识数学内容的理性活动，具有一般思维的根本特征，又有自己的个性。数学思维主要表现在思维活动上，是按照客观存在的数学规律的表现方式进行的，具有数学的特点与操作方式。特别是作为思维载体的数学语言的简明性和数学形式的符号化、抽象化、结构化倾向。数学创新思维是数学思维活动中最有价值和最积极的一种思维方式，也是揭示数学的本质和规律的主要思维方法。数学创新思维是求同思维与求异思维高度发展与和谐的产物，先求同后求异，从而得到最佳思维途径，产生最佳思维效果。这就要求我们在数学思想方法教学中，要让学生感受、理解知识产生和发展的过程，培养学生的科学精神和创新思维习惯。

数学思想方法教学一个很重要的目的是让学生学会数学创新思维，所以应在数学思想方法教学中有意识地培养学生数学创新思维品质。数学创新思维品质是指在数学创新思维活动中智力特点在个体身上的表现，是判断个体创新思维智力层次的主要指标。数学创新思维品质是数学思维敏捷性、深刻性、灵活性、广阔性、批判性、独创性等多种思维品质的综合体现。

2. 数学思想方法教学中培养学生分析和解决问题的能力

在由"应试教育"向"素质教育"转变的今天，高职数学教学不再满足于单纯的知识灌输，而应立足于让学生理解、掌握数学中最本质的东西。用数学思想方法记录具体的数学知识和具体问题的解法，培养与发展学生的数学能力，尤其是分析和解决问题的能力，有利于提高学生的数学素养。

二、数学应用教学的研究与实践

（一）数学应用教学的意义

华罗庚说："宇宙之大，粒子之微，火箭之速，化工之巧，地球之变，生物之谜，日用之繁，无处不用数学。"① 数学的特点之一就是应用的广泛性，这是数学生命力之

---

① 华罗庚. 大哉数学之为用 [M]. 上海：上海教育出版社，2018.

所在，也是数学内容虽然高度抽象却仍能蓬勃发展的基础。由于数学具有广泛的应用价值、卓越的智力价值和深刻的文化价值，因此在基础教育中占有特殊的重要地位。随着社会的发展，数学的应用越来越广泛。数学是人们参加社会生活、从事生产劳动和学习，研究现代科学技术的基础，在培养和提高思维能力方面发挥着特有的作用，其内容、思想方法和语言已成为现代文化的重要组成部分。

学以致用，这是数学教学追求的目标之一。1980年，联合国教科文组织在巴黎召开的数学教育目标研讨会上指出："数学之所以重要，是因为它具有解决各种问题的潜在能力，而不是其他什么原因，数学课程不能单纯地用数学证明，也不能全部由概念和技巧所拟定，它必须考虑到我们生活于其中现实世界的各种需要。"学与用是相辅相成，获取知识不是终结，应用知识才是更重要的任务。现实社会对数学教学及其研究提出了更高要求，不但要求学生有扎实的基础知识，而且要求学生具有一定的技能和数学应用能力，从而更有效地应用数学以解决实际问题。当前，重视数学应用教学更显得意义重大。

因此，在高职数学教学中，要增强对学生应用数学的意识的培养，一方面应使学生通过背景材料进行观察、比较、分析、综合、抽象和推理，得出数学概念和规律，包括公理、性质、法规、公式、定理及其联系，数学思想方法等。另一方面，更重要的是使学生能够运用已有知识进行分析，并能将实际问题抽象为数学问题，建立数学模型，从而形成比较完全的数学知识，要引导学生去接触自然、了解社会，鼓励学生积极参加形式多样的课外实践活动。

数学应用教学能充分发挥数学实际应用价值，目的是要培养学生解决实际问题的能力，"解决实际问题的能力是指：会提出、分析和解决带有实际意义的或在相关学科生产和生活中的数学问题，会使用数学语言表达问题，进行交流，形成用数学的意识"[①]。

（二）数学应用教学的教育功能

1.数学应用教学中培养学生应用数学的乐趣

数学概念多是由实际问题抽象而来的，大多数都有实际背景，因此应重视概念从实际出发，通过从实际问题中抽象出数学概念的过程，培养学生应用数学的兴趣。数学教材中，多数概念是由实际问题引入的，我们应充分利用教材中的实际问题进行概念教学。例如，在讲余弦定理时，可以提出引例，某工程师设计一条穿过一座山的铁路，需要预算开凿隧道的工程量，请你帮他测算一下隧道的长度，可以将这个隧道的平面图设计为三角形。

教师可以引导学生先确定合适的测量点，在这个过程中教给学生正确选择测量点的方法，让学生通过实际操作选出测量点。然后通过建立平面直角坐标系让学生去体

---

① 马复.中国基础教育学科年鉴：数学卷 [M].北京：北京师范大学出版社，2011.

会直角三角形三条边之间的关系，从而自然地将余弦定理的概念引出来，进而深入讲解余弦定理的内容，学生在这种教学方式下加深了对余弦定理的理解与印象。引导学生积极思维，参与教学过程，也为以后的余弦定理的应用教学打下了良好的基础，因此导入数学概念、定理、公式应尽可能地从实际问题出发。

又如，某炮兵部队在炮击敌方目标时，指挥官向炮手发出指令，"东南方 1 000 米放"也是运用"一个方向和两个距离"来定位的实例，由此引入学习极坐标课题，中心突出，兴趣盎然。类似的，诸如在教指数、对数函数的课程中，引用人口或其他生物增减变化的规律；教函数最值问题的过程中，引用最大利益问题；教等差、等比数列时，引用银行的存款、借贷与投资收益问题；教直线方程、引用线性拟合与线性规划的问题；教概率计算、引入保险收益、彩票中奖问题等，这些都有助于提高学生应用数学的兴趣。在英国早已把银行、利率、投资、税收等写入数学教材，美国加州的数学教科书与数学教学着重强调的是"解决问题"，这些培养学生应用数学兴趣的做法都值得我国数学教育工作者借鉴与学习。

学生在解决实际问题的数学化过程中，会进一步认识到"数学的世界可以看作以纯粹数学为核心的各种层次的应用数学为同心层组成的"①。数学应用教学使学生热爱数学、热爱生活。

2. 数学应用教学中培养学生建立数学模型的能力

在数学应用教学中，引导学生能够运用已有知识将实际问题抽象成数学问题，建立数学模型。所谓数学模型，就是针对或参照某种事物系统的主要特征或数量相依关系，用形式化的数学语言，概括地或近似地表达出来的一种数学结构。这里的数学结构有两方面的具体要求：①这种结构是一种纯关系结构，即必须是经过数学抽象，摒弃了一切与关系无本质联系的属性后的结构。②这种结构是用数学概念和数学符号来表述的。从数学模型的意义上研究数学不仅可以大大简化和加速人们思维的形成，而且使数学应用在各个科学领域进行定量分析和深入研究成为可能。常用的数学模型有函数模型、数列模型、不等式模型、三角函数模型、立体几何模型、解析几何模型等。

3. 在数学应用教学中培养学生的创新精神

21 世纪，科学技术的迅猛发展以及日益国际化，要求基础教育既要培养学生的国际合作精神，又要培养爱国主义精神，这些都是创新精神的主要内容。而数学应用教学既可以反映数学在现代科技和当今现代社会生产方式的种种用途，又可以追溯到数学对中华民族乃至人类文明史上的种种贡献。因此，数学应用教学是培养学生创新精神的有效途径。比如，设计一些现实社会生产的应用题，使学生对"半衰期""开普勒效应""单利""复利""折现值""利润""可变成本"和"不变成本"等科技名词和经济术语加以理解和掌握，是加强学生现代科学素养的契机。再如，立足我国国情以《周

---

① 马复.中国基础教育学科年鉴：数学卷[M].北京：北京师范大学出版社，2011.

髀算经》《九章算术》等算经十书或其他古代著作为蓝本，搜集素材，选择和设计一些应用题，使学生了解我国源远流长、灿烂辉煌的古代数学文化，这也是树立高职学生民族自豪感和强烈自信心的良好途径。

数学应用教学的实际应用价值是多方面的，正如我国数学物理学部中科院院士们撰文特别指出"数学的贡献在于对整个科学技术（尤其是高新科技）水平的推进与提高，对科技人才的培养与滋润，对经济建设的繁荣，对全体人民的科学思维与文化素养的哺育"①，这一方面的作用是极为巨大的，也是其他学科所不能比拟的。

综上所述，在高职数学教学中，要关心生活，关心社会；要重在实际，重在应用；要重在能力，重在创新。

三、现代信息技术在高职数学教学改革中的应用

（一）现代信息技术对数学教学改革的意义

现代信息技术进入数学教学在 21 世纪将成为国际趋势。自 1996 年，几何软件已作为法国国家课程数学教学内容的一部分，并要求在数学高级阶段使用计算器和计算机。美法数学教师每天、每周使用数学技术的比例为 76%、89%。在中国，20 世纪 90 年代以来出现了以信息技术的广泛应用为特征的发展趋势，国内学者称之为教育信息化。教育信息化的主要特点是在教学过程中广泛应用以电脑多媒体和网络通信为基础的现代化信息技术，其表现为教材多媒体化、资源全球化、教学个性化、学习自主化、活动合作化、管理自动化、环境虚拟化。2001 年教育部印发的《基础教育课程改革纲要（试行）》中提出："大力推进信息技术在教学过程中的普遍使用，促进信息技术与学科课程的整合，逐步实现教学内容的呈现方式、学生学习方式、教师的教学方式和师生互动方式的变革，充分发挥信息技术的优势，为学生的学习和发展提出丰富多彩的教育环境和有力的学习工具""现代技术的使用将会深刻地影响数学教学内容方法和目标的改变。现代信息技术在数学教学中应用是 21 世纪高职数学教学的里程碑，为培养高职学生创新能力创造了必要的现代化教学环境"。

现代信息技术对高职数学教学改革具有三个层面的作用。

1. 现代信息技术为数学教学提供全新的教学方式

教师可以利用互联网资源及时更新和丰富教学内容，下载需要的课件，参与优秀教师的教学方法，降低备课难度，提高备课质量。借助多媒体技术可以在数学教学中任意调动所需文字、公式、图形以及声像材料，增加了单位教学时间内的信息交流量，也就增加了教学的容量；还可以进行模拟实验，引领学生进入虚拟情境，从而使课堂气氛更加活跃，能够更好地启发学生思维，达到既传授知识又培养能力的目的。学生

---

① 李伟. 努力提高数学文化素养的几点思考 [J]. 中国科教创新导刊，2008(27)：38.

在课堂中可以多种感官同时参与，不再感到数学的枯燥，学习效率将会提高。学生利用互联网可以进行个别化自主学习，又能形成相互协作学习，便于进行数学"研究性学习"，从而使自己的兴趣、爱好和特长得以发挥，智力水平和创新能力不断发展。教学方式的灵活多样使教与学变得更加有效。

2. 现代信息技术为数学课程教材改革展示了新的前景

教学媒体的形式发生变化，教学内容的载体除了书本，更多的是电子读物。电子读物不仅有文字，还有图像、动画、声音，既能真实地再现现实世界中的一切，也能具有虚拟位置。教师和学生的阅读方式可以由单一的文本阅读转向文本阅读与超文本阅读相结合，并以超文本阅读为主的方式转变，阅读因而更加有趣、高效。现代信息技术给数学课程设计与教材编制带来了新观念、新方法、新技术，给数学课程教材提供了新的教学环境和合作平台，如"专家诊断式"教材、"智能化"的教材、"开放式"的教材、"可扩充式"的教材、"可编组式"教材等成为现实，使静止、封闭、模式化的数学教材转变为"开放的""参与式的""有个性和创造性"的"活教材""思维实验室"和"理想空间"。

3. 现代信息技术将革新学生的学习环境

数学教学改革的核心是使学生变"被动型"学习为"主动型"的学习，而现代信息技术的应用，可以为学生创设自由探索的学习环境，可以打破时空的局限，使分组教学、个别教学能够很好地实行，产生由学生控制的发现式学习环境，这种环境允许学生在特定的内容范畴进行探索和检验假定。学习不再局限于学校教室，不再受制于学校教学时间。现代信息技术改变了学生在数学教学中认识事物的过程，把感知、理解、巩固、运用融为一体，使学生"乐学"成为现实。

（二）计算机辅助教学（Computer Aided Instruction，CAI）在数学教学的尝试

CAI 是指将计算机用作教学媒体工具，为学生提供了一个良好的学习环境，使学生通过与计算机的交互对话来进行学习的一种新型教学形式。作为教学媒体，计算机与其他教学媒体如黑板、投影仪、电视机、录像机等区别，都能够帮助教师提高教学效果、扩大教学范围、延伸教师的教育功能。但是，由于计算机具有交互特性且具有快速存取和自动处理等功能，不仅能够呈现教学信息，还能接收学生的回答并进行判断，进而能对学生进行学习指导。因此，利用计算机进行学习，能够使学习者有多种控制，如选择学习内容和进度，根据学生的学习情况，选择不同的学习路径，可实现个别化教学和因材施教的原则，收集每个学生在学习过程中的执行信息，以便为教师提供多方面的报告。学生在这样的学习环境中，必须保持高度集中，不允许在课堂上走神等。显然，这些功能是其他教学媒体无法做到的；计算机之所以能够做到这一点，

一方面是因为计算机设备本身具有的能力。另一方面也是最重要的方面，就是教师事先编制好了具有各种功能的 CAI 软件，计算机只是执行这些软件。总之，计算机辅助教学中，将计算机作为教学媒体，可为教和学创造一个良好的环境，提高教和学的效率。

CAI 的特点：①交互性与个性化教学。②内容与形式的多样化。③广泛的适用性。④大容量与快速度。⑤能模拟，可通信。CAI 的功能：① CAI 有利于实现个别化教学。② CAI 有利于大面积施教。③ CAI 能提供及时的反馈和强化。④ CAI 能提供多种交互性的人机双向交流。⑤综合运用各种现代教育媒体。

1.CAI 课件在数学教学中的应用

信息技术引入课堂教学，改变了传统的教学方式，优势是显然的，以人—机为中心的交互形式和计算机辅助授课的形式为大部分教师所采用。设计辅助教学软件的核心是教学课件。目前使用的课件模式分为教学辅助型和学生使用型，利用这些课件可以实现计算机辅助教学、人机交互式学习以及学生自学等。常用三种课件使用方法。

（1）讲解概念。在数学教学中经常要讲解新概念、规则、原理。如果这节课的内容学生还未学过，教学目的就是使学生认识它并产生初步理解。要完成这节课有许多种教学方法，根据不同的教学方式，确定不同模式的教学课件。如果教师在教学中先创设情境，提出问题，再下定义，然后举例或利用其他学生学过的概念来加以说明或进行证明。教师就可以根据这一教学过程，使用一些按照这一教学过程设计的辅助教学课件来代替在黑板上的一些演算和推导。可选用课件作为辅助教学或者选用有人机对话的课件，让学生进行自主学习。例如，教"对数函数"概念的课件过程可以是这样：先复习"对数"概念，再导出"对数函数"形式，接着利用"指数函数"图像与"对数函数"图像的对称性，最后下定义，加深学生对"对数函数"概念的理解。

（2）知识和技能的掌握。数学复习课的目的是复习和巩固已学过的知识，或训练学生的技能，教师可以利用操练与练习型的课件。操练和练习课件大都通过一些客观题形式向学生提供大量、重复的一系列练习。在练习过程中，学生可能会感到枯燥乏味，所以应尽可能利用一些生动、活泼的课件或选用一些模拟游戏，模拟实验课件。例如，维森特（Vicente）于 1998—1999 年对学生定性和定量研究后发现，使用"几何画板"使几何学习变成了几何试验，学生画一张拖动不变的形状需要分析什么性质不变，然后做出图形，学生不得不思考性质和关系并使用，其几何思维水平由水平 1 向水平 2 发展。更为重要的是改变了他们的几何观，几何不再是公理、定理、证明的集合，而是动态的试验与发现过程，从而提高学生学习数学的兴趣和复习效率。有些课件还加进一段音乐，当答对时放出一段音乐或是一则游戏作为奖励。

（3）培养分析问题和解决问题的能力。数学课的一项主要目的是培养学生分析问题和解决问题的能力，课件的主要任务是为学生创设情境，引导学生发现问题，在情境中寻找和收集信息。如立体几何"二面角"，可利用教学课件创设情境，模拟出我国发射的第一颗人造地球卫星轨道平面和地球赤道平面之间的二面角（68.5°），从而分析得出二面角的概念。二面角是立体几何的概念，还可以通过二面角与"角"对比投影片，从二者的定义、构成、表示方法等方面进行对比，同时展现二面角及其平面角常用的两种形式：平卧式和直立式，加深对二面角内涵的理解。

2. 网络 CAI 在数学教学中的尝试

网络 CAI 在数学教学的应用，对目前教学改革具有一定意义。利用计算机网络，能够实现设备资源和信息资源共享，使得教师不仅可以在传统的物理空间中活动（如教室），还可以在逻辑意义上的网络空间开展教学。网络 CAI 具有交互式教学（在教学过程中计算机与学生不断交互传递信息）、个性化教学（可以根据不同学生学习能力、学习水平，控制其学习进度和学习内容）、兴趣性教学（可以利用计算机模拟实现许多有趣和逼真的场景，这样在发展抽象思维的同时又发展了学生的形象思维能力，从而培养了数学创新思维，并使学生保持浓厚的学习兴趣）的特点。与单机 CAI 系统相比，个性化教学和兴趣性教学的特点更加突出。在网络 CAI 教学中，个性化特点得到充分体现，有利于培养学生独立解决问题的能力。更突出的优点是在教与学过程中，网络CAI 可以不受时间、空间等因素限制，充分发挥学生的主动性、参与性、积极性，有利于培养学生的创新精神与实践能力。

多媒体网络赋予了数学教学活动多种形式，如广播式教学，教师可以同时给许多学生授课。在这种教学形式中，所有学生收到的教学信息是相同的，教师授课时也能够实时接收到学生的反馈信息，教师在收到某个学生的请求时也可以单独与其交流，实现教与学双方互动。例如，在数学"对数函数"教学中，利用多媒体网络，层层设疑，创设问题情境，由指数函数的定义、定义域、值域引入对数的定义、定义域、值域，实现数学建构策略。

利用计算机辅助教学课件和网络 CAI 系统良好的交互性能，可以实时地得到学生的反馈信息，实现按原班级的分层次教学。例如，在课件中每道练习题除了有正确答案之外，还会将学生容易得出的几种错误答案作为干扰项。教师通过网络和学生交流，当学生选择错误时，计算机马上显示出有针对性的帮助，引导学生思考，独立地发现和解决问题，当学生正确完成这一组练习后，方可进入下一阶段学习，实现分层次学习。

四、数学"研究性学习"的研究与实践

（一）数学"研究性学习"与数学"研究性课题"

数学"研究性学习"是指学生在教师指导下，从学习生活和社会生活中选择其确定的数学研究专题，用类似科学研究的方式，主动地获取数学知识、应用数学知识、

解决问题的数学学习活动。这是一种先进的教育指导思想，其核心是改变学生的数学学习方式，强调一种主动探究式的数学学习，培养学生的创新精神和实践能力。

数学研究性课题是数学研究性学习的典型样态。数学研究性课题主要是指对某些数学问题的深入探讨，或者从数学角度对某些日常生活和其他学科中出现的问题进行研究，充分体现学生的自主活动和合作活动。数学研究性课题应以所学的数学知识为基础，并且密切结合生活和生产实际。课题的选择可以从提供参考课题中选择，也可以师生自拟课题。提倡教师和学生自己提出问题，目的是通过数学研究性课题的教学让学生学会如何学习，培养学生主动探究的精神。以数学研究性课题"向量在物理中的应用教学"为例，谈谈在数学教学中开展研究性学习的构思。

1. 指导选题

（1）组织课题组，收集资料。小组合作是数学研究性学习的基本组织形式。课题组多由学生自由组合，教师适当调节。小组人数一般为 3 ~ 6 人，小组合作有利于培养学生社会合作精神与人际交往能力。许多有研究价值的课题出于"问题"，"问题"能激发学生的学习兴趣。教师可以引导学生发现在日常生活中与数学有关的"问题"，展开调查研究，收集课题资料，在调查活动中培养信息收集能力。

（2）提出问题。在调查基础上，让学生畅所欲言，讲一讲自己在生活中发现的与数学相关的现象并提出问题，教师鼓励引导学生独立提出问题，提出问题也是数学研究性学习要培养的能力之一。教师要对学生提出的问题进行分析，把学生感兴趣、有价值的问题"转化"为数学研究课题。教师要巧妙地将研究问题转移到教科书中的数学研究性课题。

2. 制订研究方案，实施研究

研究问题过程是学生体验教学活动的过程，教师与学生共同分析。为确切描述这一问题，我们要先把这一物理问题转化成数学问题。不考虑其他物理因素，只考虑绳子与物体的受力平衡，引导学生制订出研究方案。课题组根据研究方案，做好比较详细的工作记录，随时记下自己的感受与体会。教师给予一定的时间保证，创造必要的物质条件，并对学生进行操作方法的指导和如何利用社会资源的指导。

3. 撰写研究报告

问题解决之后，教师组织每个课题组反思并总结研究过程，特别是过程中遇到的困难及解决困难的灵感，指出思维上的相似点和不同点，展开交流与辩论，培养学生信息交流能力。然后，教师引导学生及时对这些内容进行整理、加工，本着实事求是的原则，撰写实验报告。最后，教师组织课题组，交流研讨，分享成果。

4. 对活动的评价

活动的评价包括：①学生自我评价。②小组评价。③教师评价。教师评价应以肯定为主，保护学生的学习积极性，为使评价更客观，又需对学生的活动过程和研究成果进行评价。教师评价具体为：①学生进行数学研究性学习活动的态度。②学生进行数学研究性学习活动的体验（信息的准确性，活动的流畅性）。③学生创新能力的发展情况（提出问题的创新性，创新思维在解决问题时的充分发挥）。④评价书面材料，注意语言文学的技巧和结果的科学性。

通过以上教学环节，充分挖掘学生潜能，培养学生创新精神和对事业的责任感，提高学生的社会实践能力。围绕数学研究性课题开展数学研究性学习的教学过程的主要特征是：数学教学的整个过程，学生都是研究者，直接获得经验，学生是数学研究性学习活动的主体。

（二）开展数学研究性学习的探索

数学研究性学习的特点表现在许多方面：①数学研究性学习主要是围绕数学问题（或专题、课题）的提出和解决来组织学生的学习活动。②数学研究性学习呈开放性学习的态势。③数学研究性学习主要由学生完成。④数学研究性学习重视结果，但要注意数学学习过程以及在数学学习过程中的感受和体验。与数学学科课程相比，数学研究性学习是在数学教学过程中以数学问题为载体，创设一种类似科学研究的情景和途径，让学生通过收集、分析和处理信息来实际感受并体验数学知识的产生和应用过程，进而认识自然、了解社会、学会学习、学会合作，培养分析问题和解决问题的能力，发展与提升创新能力。

数学研究性学习可以从四个层面上开展。

（1）更新教学，让每一个学生都成为研究者。立足课堂教学，深入挖掘教材是数学研究性学习的基础。为了提升数学课的研究质量，数学教学应当把握好以下三个环节：①揭示知识背景，从数学家的废纸篓里寻找研究的痕迹，让学生看到并体验数学家面对一个新问题是如何去研究、创造的。②创设问题情境，给学生一个形象生动、内容丰富的对象，使学生深入其境，作为一个主体去从事研究。③展露思维过程，不仅要给成功的范例，还应展示失败和挫折的例子，让学生了解探索的艰辛和反复，体验研究的氛围和真谛。

（2）贴近生活，让每一位学生都成为体验者。体验学习是指人们在实践活动过程中，在情感行为的支配下，通过反复观察、尝试，最终构建新知识的过程，追求的是在潜移默化中实现认知的积累和更新。在新的数学教学大纲中，对体验学习提出了明确要求，比如，在必修课和选修课中设置实习作业和研究性课题，这些都是体验学习的研究内容和有效手段。围绕体验学习，在教学实践中，教师要特别注重引导学生去贴近生活，关心身边的数学，善于用数学的眼光审视客观世界中丰富多彩的现象。同时，也让学生感受数学在生活及社会各个领域中的广泛应用。

例如，我们每天都可以看到"城市气象预报"，教师可以要求学生每天做好记录，并希望他们能用最简洁明了的方式来反映天气变化。一个月后，学生将每日气象预报数据剪起来按顺序张贴在一起，有的学生将数据记录制成表格，还有的学生按不同的节气对气象质量指数的影响描绘成一张张曲线图。

经过这一实践活动的操作，函数及其图像、函数单调性等一些抽象概念在学生自身的体验过程中逐渐地增加了感性认识，这也为进一步理性思考打下了基础。日气象预报—数据表格—曲线图，学生这一认知的转化和突破基于三个因素：①为了突出主要对象。②为了比较对象之间的差异。③为了直观地反映数量间的关系，他们从中可以感悟到很多数学知识。一个问题分析、表达、解决看来比较困难时，人们便会想方设法发明一种更好的办法去超越。他们的这一体验比数学知识本身更重要，也更有价值。数学教学完全有可能分为若干个阶段：非形式的操作，体验—直观易懂的形象摄取—较严密的逻辑体系。在各个分阶段有层次地增加一些尝试和体验，这是很有意义的数学研究性学习。在这样的体验学习过程中，学生挖掘出了许多很有价值的素材，并举办报告会，写出小论文，这又极大地鼓励他们进一步去探索研究。

（3）小组合作，让每一个学生都成为协作者。在高职数学教学过程中，教师既是教学的组织者，也是研究的开发者，打造一个宽舒、和谐、民主的环境，使得数学教学行为趋于多重整合。教师特别要倡导小组合作活动，让学生在小组内自由地开展数学活动，尽可能少地打扰、干涉学生之间的思考和探索，并充分地为他们提供合作、讨论、发表意见的时间和机会。在数学活动中培养合作精神，让学生的研究热情得以充分发挥。

（4）注重实验，让每一个学生都成为探究者。数学实验也许是今日最流行的话题了，如"实验几何""数学建模""数学实验室""数理综合课""数学活动课"等，通过数学实验活动，有助于学生形成良好的数学经验和意识。数学长期以来一直被认为是演绎科学，而贯穿其中的是"定义—定理—证明—体系"，却隐去了数学产生及数学家创造活动的其他重要因素，展示给学生的只是组织好的数学系统。数学实验之所以越来越受到人们的青睐，一方面是因为人们对数学本质的认识发生了变化，将它从象牙塔中搬了出来。另一方面，依托迅速发展的计算机技术手段，数学实验变得更易实施，更有利于学生探究数学问题。

数学知识不是现成的传播，而要回到它原本的经验状态，通过学生的亲身体验实现转化。数学教学既要传播过去积累的数学知识，又要渗透未来需求的数学知识，在知识传授的同时注重学生创新意识和实践能力的培养和发展。因此，数学教学要尽可能地还原知识的本来面目，而且在提升探索数学问题的价值方面多下功夫，这也是数学研究性学习的一项重要课题。

（三）开展数学研究性学习的思考

数学研究性学习有两种所指，一是指数学研究性学习课程，二是指数学研究性学习方式。研究性学习课程作为一个独具特色的课程领域，首次成为我国基础教育课程体系的有机构成，被公认为我国当前课程改革的一大亮点。所谓数学研究性学习课程是指学生基于自身兴趣，在教师指导下，从自然、社会和学生自身生活中选择和确定数学研究专题、主动获取数学知识、应用数学知识、解决问题的数学学习活动。数学研究性学习课程是与数学学科课程迥异的课程形态，根本特性是整体性、实践性、开放性、生成性、自主性。

数学研究性学习课程整体性是指数学研究性学习课程必须立足于人的个性的整体性，立足于每一个学生的健全发展情况。实践性是指数学研究性学习课程以活动为主要开展形式，在"做""考察""实验""探究""体验""创作"等一系列活动中发现和解决问题，体验和感受生活，发展实践能力和创新能力。开放性是指数学研究性学习课程关注学生在活动过程中产生的丰富多彩的学习体验和个性化的创新性表现，其评价标准具有多元性，因而其活动过程与结果具有开放性。生成性是指随着数学研究性学习课程活动的不断展开，新的目标不断生成，新的主题不断生成，学生在这个过程中兴趣盎然，认识和体验不断加深，创新的火花不断迸发。自主性是指在数学研究性学习课程的开展和实施过程中鼓励学生进行自主选择和主动探究，将学生的需要、动机和兴趣置于核心地位，为其个性充分发展创造空间。

作为一种学习方式，数学研究性学习是指教师或他人不把现成结论告诉学生，而是学生自己在教师指导下自主发现问题、探索问题、获得结论的过程。数学研究性学习作为一种学习方式的最直接、最根本、最重要的目的，在于改变学生单纯地接受以教师传授知识为主的数学学习方式，为学生构建开放的学习环境，提供多渠道获取知识，并将学到的知识加以综合应用于实践的机会，培养创新精神和实践能力。

数学研究性学习无论作为一门独立的课程，还是作为一种学习方式，目前仍属于初创实验阶段，给广大的数学教师带来了新的挑战。

（1）选择适当的、好的课题十分困难。要选择适合学生研究的课题，不仅要在学生力所能及的范围内，更重要的是对学生的发展有价值。

（2）数学研究性学习的每一个学习环节对实现教学目标都十分重要：数学课本是实施数学研究性学习的必需物，课题是实施数学研究性学习的关键，小组的划分对实施数学研究性学习很重要，开题报告的好坏决定数学研究性学习的成败，实施过程是数学研究性学习的中心环节，结题报告是数学研究性学习的结晶，总结评价是数学研究性学习的重要环节。

（3）作为数学研究性学习的指导教师，他们的角色发生变化，从单纯的知识传授者变为学生学习的促进者、组织者和指导者，主要表现在：①及时了解学生研究活动的进展情况，有针对性地指点、点拨、督促。②当学生遇到困难时，不是告知结论而是提供信息、启发思维、介绍方法、补充知识等。③争取家长和社会有关方面的关心、理解与参与，与学生一起发现校内外有价值的教育资源，为学生开展研究性学习提供良好的外在条件。④采取有效手段对学生的研究活动进行监控，指导学生写好研究日记、记载研究情况、记录个人体验。⑤及时做好过程评价，观察学生的行为变化，关注学生的发展状况并做好记录。⑥帮助学生做好总结和反思，特别注意的是，最后的评价是一种发展性评价。

数学内容是开展数学研究性学习的良好载体，而且非常丰富，应加以开发利用。数学教学的各个环节都有数学研究性学习的任务。数学教学有多种教学方法，为数学研究性学习的开展提供了更为广阔的舞台。数学研究性学习的实施又是提高数学教师素质的一条途径。数学研究性学习已作为数学课程体系的重要组成部分，这是数学教学改革的成果。数学研究性学习是当前数学教学改革中，培养学生创新能力的最佳途径。

第六章 高职数学教学改革中学生数学应用意识的培养

第一节 高职院校工科学生数学应用意识的主要表现及特点

20世纪是数学应用化教育改革最重要的时期。各种重要的应用教育理念相继提出，比较有代表性的是20世纪五六十年代的"新数"运动和20世纪80年代的大众数学及问题解决提法，随着这些应用教育观念的确立，数学建模和问题解决等应用教学方法在各地普遍展开，使得"数学应用"成为国际数学教育改革的主旋律。

一、高职工科学生数学应用意识的主要表现

高职教育以培养实用性的应用型人才为目标，数学教学应密切联系生活实际，以应用教学为主，不应过多强调灌输其逻辑的严密性和思维的严谨性思想。对于高职学生来说，数学应用意识可以从三个不同层次中表现出来：①从实践方面来说，表现在能从数学的角度去理解问题并能主动运用数学知识、数学思维和方法去分析和处理问题。②从知识层面上来说，表现在能把数学知识及其产生的实际背景联系起来，从中理解和发现数学知识的应用价值。③从数学学科本身来说，表现在能理解数学学科的科学意义和现实价值等。

二、高职工科学生数学应用意识的主要特点

结合数学应用意识的内涵及其主要表现，高职学生的数学应用意识具备以下几个特点。

（1）自觉性。自觉性是数学应用意识最基本的特征，表现在当主体进行数学实践活动时，能自觉运用数学知识、思维和方法来解决问题。数学应用意识对个体活动的指导总是在潜移默化、自觉的状态下进行，这种指导带有迁移性，一旦学生以后再碰到类似问题时，他们就会自觉运用先前解决问题的数学思维方法来解决现实问题。

（2）能动性。能动性是数学应用意识的本质特征，表现为主体从事数学应用活动

的主动性和创造性。主体从事实践活动总是具有一定的目的性，需要具体的计划和方法加以指引，数学应用意识强的人面对实际问题时，善于从数学的角度去思考和分析问题，然后主动、积极地调动已有知识，建立出问题的数学模型，并能运用这种数学模型去调配和控制自己的实践活动过程。

（3）发展性。数学应用意识并非固有和不变的，而是会随着主体自身认知水平的提高而不断发展变化。著名的教育家和心理学家赫尔巴特提出了意识阈的概念，他认为人的认识水平会受到意识阈的限制，但意识阈本身也是不断变化的，当新的意识阈形成后，人的认识水平限制就会得以突破并且发展到一个新高度。所以，高职学生的数学应用意识水平是可以通过有意识地培养而提高的。

三、概念界定

数学应用指应用数学思想、方法去解决生产生活或学习中的各种实际问题。具体来说，数学应用又可分为内部应用和外部应用，内部应用指利用已有数学知识推导新的数学知识或解决新的数学问题；外部应用是理论联系实际，把数学知识用在解决实际问题中。

数学应用意识属于"意识"范畴，本质上是一种心理活动。在学术界，数学应用意识和意识一样，没有一个公认的标准定义。很多学者试图从不同角度去解释和把握数学应用意识的内涵。

从心理学的角度出发，把数学应用意识看成是一种主体主动的心理活动，表现在主体能主动应用数学知识和数学原理、方法去思考和解决面临的实际问题，以及当主体接受新的数学知识和理论时，能自觉发掘新知识和理论蕴含的实际应用价值。这种观点突出强调了数学应用意识的主动性和自觉性。

从认知的角度出发，数学应用意识是主体认识活动过程中的一种心理倾向。当主体在进行实践活动时，能自发地从数学的角度进行观察和分析，并且能结合自身已有的数学知识和方法去感知、思考和解决问题，是感知和思维过程的统一体，此种观点强调了数学应用意识的认知性。

综合以上观点，数学应用意识是主体应用数学知识、思维方法去分析和解决问题的一种主观意愿和心理倾向，体现在应用数学知识和方法的主动性和自觉性。数学应用意识本质上是一种心理活动，不但包括主体对数学应用本身的认识，也包含由此引发的情感和动机，更多地表现为一种精神状态和主观意向。

具体来说，数学应用意识这一概念应包含三方面的内容：①主体在面临实际问题时，能主动从数学角度去进行分析和寻找解决的办法。②主体能主动发掘数学新知识的实际应用价值。③主体善于发现现实世界中的数学问题。我们可以从数学应用的认识、数学应用的情感体验和数学应用的动机等几方面去认识和把握数学应用意识。

高等职业教育主要是培养面向生产、建设、管理和服务第一线并且具有一定职业素养的高级应用型人才，这样的培养目标决定了高等数学教学要以应用为重点，以必需、够用为度，突出职教特色。数学应用教学的实质是学生培养数学应用的意识，体验数学应用的精神以及数学的价值。因此，培养学生的数学应用意识和应用能力是高职高等数学教学的主要目标之一。

长期以来，数学界一直被一个悖论困扰：一方面，数学被认为是最基本、最重要、最有用，因而学的时间最长，考试次数最多的学科。另一方面，数学又是社会上了解最少，误解最多，而且最容易被忽视的学科。一个接受过高中教育的人读了 12 年数学，却对数学的功效知之甚少，他们不知道为数学做出杰出贡献的欧拉、黎曼、希尔伯特为何许人也，甚至连欧几里得也不知道，但是他们却知道贝多芬、毕加索、牛顿、爱因斯坦（尽管音乐、美术和物理的课时数远远少于数学的课时数）。在中学生喜欢的学科调查中，"70%"的人说"不喜欢数学"，有的甚至说"恨煞数学"，在他们眼中的数学家都是一些不谙世事、不懂人情世故、处于半疯状态的怪人，他们对于数学作用的理解仅限于加减乘除的简单运算。更有人提出："现在都用计算器了，基本运算都可以省去了。"面对以上问题，我们不得不进行以下思考：我们费了那么大的劲教学生学习数学，而学生却认为学而无用，这难道不是数学教育工作者的悲哀吗？

上述悖论结出这一苦果的原因很多。笔者在调查中发现，许多同学认为数学抽象难学，与实际联系不够密切，对今后的工作也没有很大帮助，学习数学主要是应付考试。这是他们对数学缺乏兴趣的根本原因，说明学生对数学功效的认识陈旧单一，数学的应用意识不够。这也反映出数学教育工作者教学观念、教学方法的陈旧。针对这一现象，在数学教学中通过各种途径和方法改变学生对数学应用的旧观念，让学生认识和了解到数学的真正功效，应该是教育工作者努力的方向。

四、意识与数学应用意识

数学的英文是"mathematics"，这是一个复数名词，"数学曾经是四门学科：算术、几何、天文学和音乐，处于一种比语法、修辞和辩证法这三门学科更高的地位"。自古以来，多数人把数学看成是一种知识体系，是经过严密的逻辑推理而构成系统化的理论知识总和，既反映了人们对"现实世界的空间形式和数量关系"的认识，又反映了人们对"可能的量的关系和形式"的认识。数学既可以来自现实世界的直接抽象，也可以来自人类思维的能动创造。

从人类社会的发展史看，人们对数学本质特征的认识在不断变化和深化。"数学的根源在于普通的常识，最显著的例子是非负整数。"①欧几里得的算术来源于普通常识中的非负整数，而且直到 19 世纪中叶，对于数的科学探索还停留在普通的常识。另一个例子是几何中的相似性，"在个体发展中几何学甚至先于算术"，其"最早的征兆之一是相似性的知识"，相似性知识被发现得如此之早。因此，19 世纪以前，人们普遍认为数学是一门自然科学、经验科学，因为那时的数学与现实之间的联系非常密切。随着数学研究的不断深入，从 19 世纪中叶以后，数学是一门演绎科学的观点逐渐占据主导地位，这种观点在布尔巴基学派的研究中同样得到发展，他们认为数学是研究结构的科学，一切数学都建立在代数结构、序结构和拓扑结构这三种母结构之上。与这种观点相对应，从古希腊的柏拉图开始，许多人认为数学是研究模式的学问，数学家怀特海（A.N.Whitehead）在《教育的目的》中说："数学的本质特征就是：在从模式化个体作抽象的过程中对模式进行研究。数学对于理解模式和分析模式之间的关系，是最强有力的技术。"②1931 年，歌德尔（Godel）不完全性定理的证明，宣告了公理化逻辑演绎系统中存在的缺憾，人们又想到了数学是经验科学的观点，著名数学家冯·诺伊曼就认为数学兼有演绎科学和经验科学两种特性。

对于上述关于数学本质特征的看法，我们应当以历史的眼光来分析，对数学本质特征的认识实际上是随数学的发展而发展的。由于数学源于分配物品、计算时间、丈量土地和容积等实践，因而这时的数学对象（作为抽象思维的产物）与客观实在是非常接近的，人们能够很容易地找到数学概念的现实原型，人们自然认为数学是一种经验科学。随着数学研究的深入，非欧几何、抽象代数和集合论等的产生，特别是现代数学向抽象、多元、高维发展，人们的注意力集中在这些抽象对象上，数学与现实之间的距离开始越来越远，而且数学证明（作为一种演绎推理）在数学研究中占据了重要地位。因此，出现了认为数学是人类思维的自由创造物，是研究量的关系的科学，是研究抽象结构的理论，是关于模式的学问等观点。这些认识既反映了人们对数学理解的深化，也是人们从不同侧面对数学进行认识的结果。正如有人所说的："恩格斯的关于数学是研究现实世界的数量关系和空间形式的提法与布尔巴基的结构观点是不矛盾的，前者反映了数学的来源，后者反映了现代数学的水平，现代数学是一座由一系列抽象结构建成的大厦。"③而关于数学是研究模式学问的说法，则是从数学的抽象过程和抽象水平的角度对数学本质特征的阐释。另外，从思想根源上来看，人们之所以把数学看成演绎科学、研究结构的科学，是基于人类对数学推理的必然性、准确性的与生俱来的信念，是对人类自身理性的能力、根源和力量信心的集中体现。因此人们认为，发展数学理论的这套方法，即从不证自明的公理出发进行演绎推理是绝对可靠

① 章建跃，朱文芳. 中学数学教学心理学 [M]. 北京教育出版社，2001.

② 怀特海. 教育的目的 [M]. 北京：生活·读书·新知三联书店有限公司，2022.

③ 孙小礼. 数学、科学、哲学 [M]. 北京：光明日报出版社，1988.

的，也即如果公理是真的，那么由它演绎出来的结论一定是真的。通过应用这些看起来清晰、正确、完美的逻辑，数学家得出的结论显然是毋庸置疑、无可辩驳的。

事实上，上述对数学本质特征的认识是从数学的来源、存在方式、抽象水平等方面进行的，并且主要是从数学研究的结果中来看数学本质特征的。显然，结果（作为一种理论的演绎体系）并不能反映数学的全貌，组成数学整体的另一个非常重要的方面是数学研究的过程。而且从总体上来说，数学是一个动态的过程，是一个"思维的实验过程"，是数学真理的抽象概括过程。逻辑演绎体系则是这个过程中的一种自然结果。在数学研究的过程中，数学对象丰富、生动且富于变化的一面才得以充分展示。波利亚（G.Poliva）认为："数学有两个侧面，它是欧几里得式的严谨科学，但也是别的什么东西。由欧几里得方法提出来的数学看来像是一门系统的演绎科学，但在创造过程中的数学看来却像是一门实验性的归纳科学。"① 弗赖登塔尔说数学是一种相当特殊的活动，这种观点是区别于把数学作为印在书上和铭记在脑子里的东西。② 他认为，数学家或者数学教科书喜欢把数学表示成一种组织得很好的状态，也即"数学的形式"是数学家将数学（活动）内容经过自己的组织（活动）而形成的；但对大多数人来说，他们是把数学当成一种工具，不能没有数学是因为他们需要应用数学，对于大众来说是要通过数学的形式来学习数学的内容，从而学会相应的（应用数学的）活动。这大概就是弗赖登塔尔所说的"数学是在内容和形式的互相影响之中的一种发现和组织的活动"的含义。③ 数学活动由形式、算法与直觉三个基本成分之间的相互作用构成。库朗和罗宾逊也说："数学是人类意志的表达，反映积极的意愿、深思熟虑的推理，以及精美而完善的愿望，它的基本要素是逻辑与直觉、分析与构造、一般性与个别性。虽然不同的传统可能强调不同的侧面，但只有这些对立势力的相互作用，以及为它们综合所做的奋斗，才构成数学科学的生命、效用与高度的价值。"④

另外，对数学还有一些更加广义的理解。如有人认为"数学是一种文化体系""数学是一种语言"，数学活动是社会性的，是在人类文明发展的历史进程中，人类认识自然、适应和改造自然、完善自我与社会的一种高度智慧的结晶。数学对人类的思维方式产生了关键性的影响。也有人认为，数学是一门艺术，"和把数学看作一门学科相比，我更喜欢把它看作一门艺术，因为数学家在理性世界指导下（虽然不是控制下）表现出的经久创造性活动，具有和艺术家，例如，画家的活动相似之处，这是真实的而并非臆造的。数学家严格的演绎推理在这里可以比作专门的技巧。就像一个人若不具备一定量的技能就不能成为画家一样，不具备一定水平的精确推理能力就不能成为数学家，这些品质是最基本的，与其他一些要微妙得多的品质共同构成一个优秀的艺术家

① 　G. 波利亚 . 怎样解题 数学思维的新方法 [M]. 上海：上海科技教育出版社，2007.
② 　弗赖登塔尔 . 作为教育任务的数学 [M]. 陈昌平等编译 . 上海：上海教育出版社，1995.
③ 　弗赖登塔尔 . 作为教育任务的数学 [M]. 陈昌平等编译 . 上海：上海教育出版社，1995.
④ 　Richard Courant & H. Robbins. 什么是数学 [M]. 左平、张饴慈译 . 北京：科学出版社，1985.

或优秀的数学家素质，其中最主要的一条在两种情况下都是想象力"①。"数学是推理的音乐"，而"音乐是形象的数学"，这是从数学研究的过程和数学家应具备的品质来论述数学的本质，还有人把数学看成是一种对待事物的基本态度和方法，一种精神和观念，即数学精神、数学观念和态度。数学是一门学科，在认识论的意义上它是一门科学，目标是要建立、描述和理解某些领域中的对象、现象、关系和机制等。如果这个领域是由我们通常认为的数学实体构成，那么数学就扮演着纯粹科学的角色。在这种情况下，数学以内在的自我发展和自我理解为目标，独立于外部世界，另一方面，如果所考虑的领域存在于数学之外，数学就起着科学的作用。数学这两个侧面之间的差异并非数学内容本身的问题，而是人们关注的焦点不同。无论是纯粹的还是应用的，作为科学的数学有助于产生知识和洞察力。数学也是一个工具、产品以及过程构成的系统，有助于我们做出与掌握数学以外的实践领域有关的决定和行动。数学是美学的一个领域，能为许多醉心其中的人们提供对美感、愉悦和激动的体验。作为一门学科，数学的传播和发展都要求它能被新一代的人们掌握。数学的学习不会同时自动进行，需要靠人来传授。所以，数学也是社会教育体系中的一个教学科目。

从以上所述可以看出，人们从不同侧面讨论了数学的具体特点，比较普遍的观点是数学有抽象性、精确性和应用的广泛性。

针对数学的特点，我们在教学中通过各种途径和方法，改变学生应用数学的观念，让学生逐步意识到数学的应用不仅在于数学知识本身，它还是学好专业课的重要工具，更重要的是能够培养人的严密的逻辑思维、抽象思维，提升人们分析问题、解决问题的能力，从而提升个人的创新能力。学好数学将使一个人终身受益。

意识是心理反应的最高形式，是人特有的心理现象。数学应用意识本质上是一种认识活动。数学应用意识是主体主动从数学的角度观察事物、阐述现象、分析问题，用数学的语言、知识、思想方法描述、理解和解决各种问题的心理倾向性，是一种精神状态、一种意向，基于对数学的基础性特点和应用价值的认识，遇到任何可以数学化的现实问题就产生用数学知识、方法、思想尝试解决的冲动，并且很快根据科学合理的思维路径，搜寻到一种较佳的数学方法解决，体现运用数学的观念、方法解决现实问题的主动性。高职学生的数学应用意识不同于一般高校学生，他们更自觉、更主动、更具有针对性。

建构主义认为，知识是学习者在一定情境下借助学习时，获取知识过程中其他人的帮助，利用必要的学习资料，通过意义建构的方式而获得。在建构主义意义下，学生的数学应用意识是在主体对知识主动建构的基础上形成的。要培养学生的数学应用意识，可以通过创设数学应用的情境，激发学生对数学应用的学习兴趣，帮助学生生成学习动机，引导学生主动建构数学应用意识，促使学生数学应用意识的形成。

---

①　王志艳.数学世界 [M].呼和浩特：内蒙古人民出版社，2007.

第二节　培养高职学生数学应用意识的理论依据

培养高职学生数学应用意识成为新时期高职数学教学改革的迫切需要。研究以最新的教育理论思想为指导，尝试从理论的角度分析高职工科学生数学应用意识培养存在的问题，找出原因并针对性地提出对策，为高职数学课程应用化教学改革提供理论依据。

一、认知发展理论

瑞士著名心理学家皮亚杰（J.Piaget）认为，学生认知结构上的差异与年龄有关，处于不同阶段的学生，其认识、理解事物的方式和水平是不同的，教育、教学的策略方法和手段必须因学生的不同年龄而异，同学生的认知发展水平一致。[①] 从认知发展特点来看，高职学生已经处于形式运算阶段。处于这一阶段的个体在进行思维活动时，能够摆脱对具体事物的依赖而遵循某种"形式"进行思维，思维更具抽象性、逻辑性和概括性。高职阶段的学生已经具备假设—演绎思维能力，他们能够根据各种现实情境和考虑到的各种假设情景对问题进行思维和分析，提出假设并验证这些假设。也就是说，从个体思维发展的阶段上来说，高职学生已经具备提出问题和解决问题的逻辑思维能力，是否具有数学应用意识和能力可以体现在他们对实际问题的解决过程之中。

二、建构主义理论

建构主义理论是在对认知结构理论进行深入研究的基础上逐步发展起来的，由于能够较好地反映人类学习过程的认知规律，而逐步被应用到实际教学过程。建构主义的基本内容包括"学习的含义"和"学习的方法"。其主要观点有：①知识不是通过传授得到的，而是通过意义建构的方式获得的，其中"情境""协作""会话"和"意义建构"是学习环境中的四大要素。②学生是意义建构的主体，学生要通过探索和发现的方式去建构知识，并善于联系课本理论知识和生活体验性知识进行学习思考。③教师是学生进行意义建构的引导者，一方面要通过情景设计等方式为学生提供意义建构的素材，另一方面则应该通过设计教学问题和组织讨论的方式加以引导，为学生提供一个良好的学习环境。建构主义教学理论认为，教学的核心任务是通过理论联系实际的教学设计方式来提升学生进行自主知识建构的能力，对于数学教育而言，提升学生知识建构的能力即意味着要培养他们具备良好的数学应用意识和应用能力。

---

① 让·皮亚杰.皮亚杰教育论著选 [M].卢濬选译.北京：人民教育出版社，2015.

三、模式识别理论

人们在接触到数学问题之后，会首先尝试把问题归属为自己熟悉的某种问题类型，以便联系已有的知识经验确定解决问题的方法，这就是模式识别。模式识别过程是一种匹配的过程，通过对问题信息与记忆存储中已有的知识信息进行反复分析和比较，找到和确定对它们进行最佳匹配的方法。具体来说，模式识别理论又可以分为以下几种匹配模式：

（1）模板匹配模式。由于过去的生活经验，人们在记忆中贮存各式各样外部模式的复本，这些复本也被称为模板，当一个新的外界模式作用于人的感知器官时，人们会自发地把它与已有模板进行比较，以便找到最佳匹配模板。

（2）原型匹配模式。这种假说中的模式不再是模板，而是原型。与模板不同，原型不是复本，而只是一类客体的一种概括表征。只要外界刺激与原型具有近似匹配时，即可以被识别。

（3）特征分析模式。模式是由若干特征构成的，主体进行模式识别时，会对外界刺激的某些特征加以合并，然后与记忆存储中的模式特征进行比较，找出最佳匹配。

从匹配的方式来说，数学解题中的模式识别更多属于特征分析模式，这种模式需要对特征进行认真分析和综合才能进行识别，使得识别过程带有更多思维色彩，因而也更加复杂。

模式识别认知理论表明，识别问题的类型和模式对于解决数学实际问题的重要性，也表明了区分问题的深层结构和表层结构的重要性。我们应根据问题的深层结构来对问题进行分类，通过进行结构分析训练与认知过程模式训练等，可以促进学生解题能力心理结构的形成和发展，从而提高解决数学应用问题的能力，形成数学应用的意识。

（一）推理意识

推理意识是指推理与讲理的自觉意识，即遇到问题时自觉推测，并做到落笔有据、言之有理，这是数学逻辑性的反映。

推理意识包括演绎推理、归纳推理、类比推理的自觉意识。为什么要培养学生的推理意识呢？因为严格的证明是数学的标志，这是数学相较于一般文化修养提供的不可缺少的、其他科学无法取代的素养。一个学生若数学证明从未留下印象，那他就缺少了一种基础的思维经历。所以，推理意识是人应该具有的素养。

除此之外，培养学生的推理意识，还有如下三方面的作用：

（1）有助于形成良好的道德品质，提高实际生活能力。数学教学一定会慢慢培养年轻人树立一系列具有德育色彩的品质，这些品质中包括正直和诚实。很显然，培养推理意识有助于养成这两种品质，同时也能够形成遵纪守法的习惯、尊重真理的习惯与严肃认真的工作态度。

（2）帮助学生体会科学研究的全过程，消除他们对科学研究的神秘感，树立进一步探索的信心和决心。

（3）有助于促进良好思维品质的形成，主要指促进培养思维的批判性与组织性。思维的批判性在科学思维的各种素质中占有重要地位，表现为不轻率盲从的态度。思维的组织性表现为记忆的条理性，具有推理的学生能够有意识地对所学知识进行分析、综合、分类推理，把知识系统化。

（二）抽象意识

抽象意识是指学生在学习数学的过程中应形成的如下行为习惯：

（1）从本质上看问题，对于复杂的事物有意识地区分主要因素与次要因素、本质与表面现象，从而抓住本质来解决问题。

（2）自觉把适当的问题化为数学问题，即自觉进行抽象概括，建立数学模型的习惯。这意味着对事物现象的结构、事物之间或事物内部各元素之间关系的敏感，其中包括对数量和形状的敏感。

抽象意识是数学抽象性的反映。数学的抽象性在中学数学中不但是一个重要特点，而且也是一个优点。正因为如此，数学才有极其广泛的应用。数学中常用的抽象化手段有等置抽象、理想化抽象、实现可能性的抽象，它们在数学概念的形成过程中是必不可少的。因此，数学教学，尤其是概念教学中，教师应有意识地提供一定的机会，让学生体会与揣摩抽象思想，形成抽象意识。

培养抽象意识有助于培养思维的深刻性及其抽象概括能力。思维的深刻性又称为分清实质的能力，表现为能洞察所研究的每一事物及这些事物之间的相互关系，能从研究对象中揭示被掩盖的某些个别特殊情况。我们知道，社会生活是复杂的，学生走上社会以后，在生活、工作中都会碰到一些意想不到、难以解决的问题，要想妥善处理这些问题，就不能被表面现象迷惑，而应具有透过现象抓住本质的思维习惯和洞察与揭示事物的能力，即看问题要有一定的深度。这是思维的深刻性所要求的，也是与抽象意识相吻合的。

培养抽象意识还有助于解决实际问题，要想使中学毕业生在实际工作中遇到问题时想到建立模型、运用某种理论来解决，就必须培养他们的抽象意识，起码要消除他们对抽象、建立模型的神秘感，使他们正确认识抽象与具体的关系。抽象意识强调对事物的结构、关系（包括对数量关系与结构）有敏锐的分析与抽象能力。这一点对于数学学习是有直接益处的。

（三）整体意识

整体意识是指全面考虑问题的习惯。这是能够体现数学辩证思维特性的一种数学观念。

数学自身就是一个对立统一的整体。中学数学构成了一个完整的知识系统，同时，中学数学中许多内容也为学生形成整体意识提供了知识条件。比如，分类问题，中学数学中讲解分类的一个突出例子是绝对值概念。要正确分类，需要把握整体的情况，需要把握整体与部分的关系。因此，这是培养整体意识的好材料。

培养整体意识，不能仅强调一个整体，还要强调整体与局部的关系、整体与局部的相对性、整体与结构的关系。学生学习每一门课程都应力求从整体上把握课程内容，这就是数学的认知结构。然而值得指出的是，掌握整体并不是要求掌握全部细节，最根本的是要掌握某些关键的"点"与"线"，以便能够结成一张网，覆盖全部内容。这张网就是认知结构，认知结构是整体的骨架，弄清了结构也就弄清了整体。一个人数学认知结构的形成，实际上也就是数学理论内化、数学技能形成、数学活动经验逐步积累的过程，这对培养人的数学素养起着决定性作用。

学生具有整体意识，不管对于他们现在的学习，还是他们以后解决实际问题，都能取得关键的指导作用。同时，也应该看到整体意识是系统论思想的准备，因为整体性原则是系统论思想的要点。培养整体意识还有助于培养思维的发散性，培养求异思维。

具有整体意识以后，人们的思维方式可以有如下变化：由着重事物单方面的研究，转向着重对事物多方面整体研究；由着重对事物实体的研究，转向着重对事物各种类型的联系和结构的研究。这种思维方式显然比变化以前更科学，有利于培养学生寻求多种解决问题的思维方法。

（四）化归意识

化归意识是指在解决问题的过程中，有意识地对问题进行转化，变为已经解决或易于解决的问题；化归意识还意味着用联系、发展的眼光观察问题、认识问题。

客观世界是充满矛盾的统一体，是具有普遍联系的；事物之间又是在一定条件下相互转化的，事物是处于运动变化之中的。客观世界的这些特性，要求我们在观察问题、处理问题时具有化归意识。

数学是一个有机的整体，各个部分之间存在概念的关系，使用相同的逻辑工具。数学内部的多种联系为问题的转化提供了条件。

化归思想无论对于实际生活还是工作、学习都能给予一定启示。比如，数论中我们研究的是关于整数的问题，即离散的量的问题。但是用联系、运动的观点看问题，就能够看到离散的量只不过是某一连续运动过程中的瞬时状态，从而把离散的问题转化为连续的问题，这种转化常能解决一些较难的问题。

数学中的无限到有限的化归、数与形的互化、曲线到直线的化归、空间到平面的化归等，解决了许多难以解决的问题。数学中的函数、对应、同构概念突出反映了联系的观点，成为化归的有力工具。

化归意识的培养不仅有助于解决实际问题，而且对于培养思维的灵活性与逆向思维都能起到促进作用。一个人的思维是否具有灵活性，关系到他能否迅速、妥善地处理问题，能否及时摆脱思维定式。强调化归意识，能够使学生意识到事物是多方联系的，解决问题的途径不是单一的，从而提醒他们自觉建立联想，调整思维方向，逐步培养学生从各种复杂的事物中，以及从事物隐蔽的形式中分清实质的能力。

我们可以想象，如果一个人具有数学观念，那么他看问题时一定会从全局把握，并注意整个问题的各个细节及其关系，善于抓住问题的实质，把不容易解决的问题分解、转化为容易解决的问题，能够注意到与此问题相关的其他问题，迅速调动记忆中储存的信息解决问题。

（五）数学应用意识和数学应用能力的关系

数学应用能力基本上是与解决实际问题的能力保持一致的。所谓"解决实际问题的能力"，指的是会提出、分析数学的实际问题，并能综合运用所学知识和技能解决问题，形成解决问题的一些基本策略。综上所述，数学应用意识和数学应用能力统一在学生解决实际问题这一过程中。学生在面临实际问题时，首先要具备一定的数学应用意识，要去主动找寻问题蕴含的各种数学信息，当然能否发现所蕴含的数学信息则又属于数学能力的范畴。这里有一个先后问题，要是不具备一定的数学应用意识，即使最强的数学应用能力也是徒劳。

（六）发展数学应用意识与发展数学应用能力的关系

我国数学教育的现状是，我国高中生实际上最缺乏的是数学应用意识，而不是数学应用能力。这也是一直以来我国数学教育的最大弊病：教师提出问题，学生解决问题，经过多次"训练"后，得出的结果是学生解决问题的能力有了"很大"提高。殊不知，教师这些有意无意的行为直接导致学生在等待教师给他们数学问题（因为无论数学教师给出什么样的问题，学生一定会认为那是数学问题，并且期望问题中已有"赤裸裸"的数学信息），然后他们解决给出的问题，也不去反思整个解题过程，最后得出自己是个"不错"的学生的结论。由此，我们很自然地就得出以下结论：即使学生具备较强的数学应用能力，也不一定就有强烈的数学应用意识。

基于以上原因，我们应大力提倡"发展学生的数学应用意识"理念。

第三节 影响高职工科学生数学应用意识的原因分析

培养数学应用意识是高职学生终身发展的需要。适应高职数学应用化教学改革的需要，通过实地调查和查阅大量相关文献资料，本节详细分析影响高职学生数学应用意识发展的主要原因，并结合课程教学改革提出了相应的改进方法，具有一定的代表性。

一、培养方向和环境方面的原因

如前所述，数学应用的动机是数学应用意识产生的前提条件，而这种动机对意识具有一定的导向作用，换句话说，即意识具有方向性。另外，意识也是人脑对于外界刺激的反应，而刺激的产生来自环境。所以，要找出问题所在，可以从分析培养方向和培养环境方面入手。

首先，在现在的高职院校中，师生对数学应用意识的培养方向缺乏正确的定位，一方面，师生把应用意识的培养方向定位于考试。另一方面，师生又将数学应用意识的培养方向只定位于数学内部的应用，缺乏必要的拓展和延伸，使得数学应用意识的培养脱离实际，难以引起学生的兴趣。

其次，在现在的高职院校里，培养数学应用意识的"土壤"贫瘠。首先，从学生角度看，高职学校的学生多是应试教育的失败者，缺乏学习积极性，更没有形成良好的学习习惯，学习基础普遍较差。尤其是数学课，有相当一部分学生没有达到高中毕业生的水平，难以接受大学层次的数学知识。基于这种情况，学生不愿意，教师也不敢把时间花在应用上。其次，从教师角度看，多数教师自身也是传统"应试教育"的受害者，数学学习与现实生活接触不多，导致他们的应用意识和应用能力不强。加之在工作岗位上缺少对这方面的重视和专门训练，他们普遍对在教学中培养学生的数学应用意识缺少积极性。最后，从家庭和社会的角度来说，也缺少培养高职学生数学应用意识和能力的良好外部环境，迫于严峻的就业形势，大多数家长只要求子女学好专业课程，掌握职业技术，不给学生提供应用数学的平台。社会环境同样如此，各种职业对数学的需求与学生的日常生活存在一定差别，使得学生接触实际问题的机会很少，再加上平时很少阅读科普读物，对数学应用缺乏起码的感性认识，学生现有的数学知识与实际生活经验不相关，数学应用也就无从谈起。近年来，许多高职院校的数学课课时被一减再减，就从某种程度上证明了社会和家庭对数学的不重视。所以，改善高职数学教育的培养方向和培养环境已经成为当务之急。

二、课程体系和教材内容方面的原因

高职教育是以培养高素质的技能型人才，特别是高级技术人才为其目标的。强调实践性，突出职业能力培养和技能训练，这是高职院校课程设置的方向和侧重点。然而多年来，高职数学课程体系和教材内容一直沿用普通高专数学教育的模式，普遍存在重视科学性而忽视实用性、重视逻辑性而忽视应用性的问题，主要表现在以下几方面：

（一）对数学学科的目标定位模糊并在认识上有误区

对高职数学课程的"必需、够用"的标准缺少正确认识，导致对学科目标定位模糊。①沿用普通高专"学科化"的模式，课程内容属于"本科压缩型"，具体表现在教材内容是本科教材的删删改改。②片面理解"适度、够用"要求的意义，又陷入了"功利化"，其观点是高职数学只要为专业课服务就够了，把数学课作为一种"调剂""点缀"，只是单纯强调数学的"工具性"作用。

（二）课程单一满足不了各类学生的学习需求

传统的高职数学教育规定各专业统一目标。按照统一的内容、进度和考核标准设置课程体系，这种安排无法满足不同学科、不同专业对培养目标的多样化要求，也无法满足后续专业课学习的需要，造成不同专业的学生在学习专业课时会出现知识不够用和知识用不上的困境，突出反映了我们在数学课程设置上存在问题。

（三）现行教材应用针对性不强

现行高职数学教材强调学科体系的逻辑性和知识结构的严谨性，对理论知识产生的来源、知识演变的过程及数学知识与现实问题的联系性则重视度不够，集中体现在数学知识的应用性和针对性较差。由于无法将数学知识和生活实际联系起来，多数高职学生认为"数学没什么用"，这也是他们没有学习数学兴趣的一个主要原因。

现行的高职教材过分强调知识体系的系统性和完整性，内容体系上讲究面面俱到。这无法满足新时期高职教育培养目标对数学课程的要求，而且也从现实上造成数学教学中教学内容多、课时少的矛盾。近年来，为了应对严峻的就业形势，各高职院校都加强了对专业课的教学，相继增加专业学习和实习的时间，减少数学等基础学科的课时，进一步加剧了数学课教学内容多、课时少的矛盾。教师为了在有限的课时内完成教学任务，不得不拼命赶进度，对数学教学普遍采用纯理论教学方式，缺少对重点内容的应用教学，不但无法激起学生学习的兴趣，也不利于培养学生的数学应用意识。

受传统教育思想的束缚，高职数学教材的修订片面强调对理论知识的逻辑重组，而对实际应用性材料的引用则不够重视。教材里很多应用例题采用的仍然是老教材中的陈旧内容，根本无法引起学生的兴趣。例如，"概率"一章出现的例题、习题仍以摸球、排队、排数字、抽取产品等老问题为主，这些材料远离现实生活且比较抽象，不能激发起学生的应用意识。另外在数学教学过程中，教师往往把例题和习题当作诠释定义定理的手段，其应用性则被降到次要位置上，数学作为解决实际问题工具的意识被淡化，不利于培养学生自主解决问题的能力，更不利于学生应用意识的培养。

三、数学教学方面的因素

高职数学教育是为专业教育服务的，以"必需、够用"为原则。高职数学教学应在不破坏知识自身系统性的前提下，把培养学生素质和知识应用意识及能力作为根本目标。但由于对高职数学教学认识不足和研究存在的问题，导致当前我国高职数学课堂教学在实践这种目标时行为发生了很大偏差，主要表现如下：

（一）教学课时相对不足

高职教育以培养应用型人才为目标，强调学生对专业技能的掌握，作为基础课程的数学本身就不受重视。近年来，面对严峻的就业形势，多数高职院校都在原来的基础上增加了专业课教学和实习的时间，压缩基础课程教学时间。据调查，目前包括数学、政治、体育和外语课程在内，所有基础课程在高职教学总课时中比例仅为 20% 左右；外语课由于面临考级的压力而得到教师和学生两方面的重视；而政治、体育课的课时数由于有教育部的明确要求而得以保证，无法被轻易缩减。在这种情况下，数学课的教学课时被不断压缩，有的专业，数学课时占总课时的比重甚至不足 5%。在这种情况下，为了应试的目的，教师不太可能在培养学生的应用意识和能力上花太多时间。

（二）课堂教学只关注知识本身而忽视应用能力培养

高职教育的性质决定了教学要以应用为目的。而实际教学中，偏重于知识的理论传授，过分强调知识结构的严谨性。对应用性教学环节的重视程度不够，教师在教学中很少关注知识发生发展的过程、数学知识与现实生活的联系性及其应用性，导致数学理论知识和实践应用的严重脱节。部分教师对数学应用教学存在认识上的误区，他们把数学应用教学简单地理解成应用问题的教学，认为只要把课本知识应用问题讲清楚，就能达到应用教学的目的。这种应用教学理念导致教师忽视了学生在教学实践中的主体地位，课堂变成教师灌输"数学符号"和进行逻辑推演的舞台，不符合应用教学的初衷，也不利于培养学生的应用意识和创造性思维。

（三）学生学习方法比较单一

学生获取知识的途径比较单一，绝大部分数学知识靠从课本和老师的讲解中获得，缺少学生对知识自主探索和合作学习的过程，缺少对知识学习的反思和调整。课堂上，对培养学生的学习情感，调动他们的学习积极性不够重视；片面强调讲授知识结果，忽视对过程的探索；直接给出概念，然后对概念进行验证、演绎的现象比较普遍。这种课堂学习过程是不完整的，由于学生缺少自主探索和发现知识的过程，学习无法唤起他们对知识的兴趣，也不能有效培养学生的创新精神和应用意识。

数学教学应该尽可能还原知识产生、发展的本来面貌，从实践中来，又用到解决实际问题中去。而我们现在数学教学的做法则有点背道而驰了，表现在数学教学片面强调知识的逻辑推理过程，而忽视其应用性，忽视知识与现实应该联系起来。姜伯驹教授说："我们现在的数学教育不是使学生越学越有兴趣，而是越学越害怕，感到越学越难。但是，如果我们能做到让学生不仅懂得一些数学知识、数学思想，而且让他们在一定地方能够用一下数学。在用的过程中一方面觉得自己学的知识是有用的，而更多的是要解决问题的话，自己的知识是远远不够的，这样他们会有一种求知欲望，他们就能更好地学习数学。"[①]

（四）教学内容脱离应用实际

现行高职院校的数学教材虽然已进行了多次修订，但总的来说仍未摆脱传统教育思想的束缚。教材不利于培养数学应用意识，教材功能基本局限于数学理论和逻辑体系的传授。教材设计以知识为中心，体系过于封闭，教材组织以学科逻辑顺序为中心，结构过于严谨。教材中编制的应用题不是立足于从生产生活中发现和解决数学问题或者运用数学解决实际问题，而是很多例题、习题仍然沿用老教材中的内容，教材中部分应用性例题、习题内容陈旧，根本无法引起学生的兴趣。今天数学应用已深入人类生活的方方面面，一些当前社会现实中经常接触到的人口增长问题、生态平衡问题、市场价格问题、股票指数、银行利率等有关数学计算很少在教材中出现，这是一种脱离实际的"实际应用"。教学内容的选择在很大程度上反映了数学应用的程度和水平。

（五）教学过程忽视应用意识

长期以来，"高等数学"教学只重视理论知识的讲授，忽视数学应用，很少去讲数学精神、数学价值、数学结论的形成与发现过程、数学对科学进步的作用等内容。这使学生对数学的认识片面化、狭隘化，许多学生认为数学不过是一些逻辑证明和计算，甚至认为数学只是一个考试必修科目。

在"高等数学"教学中，忽视了应用意识的培养，忽视"数学源于现实"，关注数学概念、定理的教学和理解、证明、推导，忽视它的应用，忽视它与人们的生活和生产现实的联系，忽视"数学寓于现实"。应用题教学强调的是加深对知识的巩固和理解，注重的是一招一式的训练，而忽视应用过程的分析，忽视数学应用意识的培养。此外，学生基础差、底子薄，教师应用意识缺乏、应用能力一般等也严重影响学生数学应用意识的产生和应用能力的发展。

---

① 姜伯驹 . 绳圈的数学 [M]. 武汉：湖南教育出版社，1991.

第四节　培养高职工科学生数学应用意识的对策

对于任何个人而言，在学校能学习到的知识毕竟是有限的，而知识本身也会随着社会的发展而不断更新，所以学校教育只是个人整个教育过程的一部分；教育的过程不会随着学校学习的结束而结束，而应该贯彻于人的一生。学生在校期间学习到的数学知识可能根本无法应付以后所有的工作和生活需要，但是如果培养良好的数学应用意识，他就会在将来遇到有关问题时，通过主动学习以补充知识来解决问题。

一、转变和完善现有的高职数学教学观念

首先，要改变教师观。高职教育的特点决定了高职数学教师必须有与时俱进的教育观念，必须了解和研究高等职业教育人才培养模式、基本特征、发展前景，提高对高等职业教育的认识。高职数学教师要有多元化的知识结构和复合型能力。在建构主义观点下，教师是教学活动的组织者、指导者，意义建构的帮助者、促进者。在培养学生用数学的意识过程中，教师要能够创设出激发学生数学应用意识建构的情境，做学生数学应用意识发展的组织者、指导者。教师要有高超的能力素质，这些能力包括获取知识和运用知识解决问题的能力、指导学生具体操作的实践能力、对相关学科新知识的汲取能力、理性思维和综合管理能力、创新能力和教学科研能力。

其次，要改变学生观。现代学生观是以学生为本，尊重学生的身心发展规律，最大限度地挖掘学生的身心发展潜能。哈佛大学发展心理学家霍华德·加德纳认为，学校教育的宗旨应该是开发多种智能，并帮助学生发展适合其智能特点的职业和业余爱好。应该让学生在接受学校教育的同时，发现自己至少有一个方面的长处，让学生热切地追求自身内在的兴趣。而这种追求不仅可以培养学生对学习的乐趣，同时也是学生坚持不懈努力学习的内在动力。学生的多种智能在传统的学业方面未能受到尊重，他们的特长没有被发现，这是巨大的人才资源浪费。职业教育必须认识到智力的多样性和广泛性，并进一步加强引导和教育、开发和挖掘，使其成为适应社会经济发展需要的合格技能型人才。

最后，要改变教学观。高职数学教学要以应用为目的，以"必需、够用"为度；内容上要加强针对性和实用性，突破学科的束缚，按照综合化思路进行重组和整合。高职学生毕业后要到生产一线解决实际问题，因此必须突出以能力为本位。"高等数学"课程应明确对学生知识能力培养的具体要求和考核办法，教师和学生都围绕课程设定的能力目标进行教学，学生在学习中既动脑又动手，在实践中完成知识向能力的转化。

　　长期以来，我国高职数学教育遵循的是一种以知识为本位的教学思想。这种教学思想指导形成的基本教学观念是，学生只要掌握了专业数学基础知识，也就自然具备了运用这些知识进行思考和解决问题的能力。在这种教学观念的影响下，我国高职数学课堂教学的方式方法偏重于学科知识本身的系统性和逻辑性，强调理论讲授，而忽视对学生应用能力与专业素养的培养。这种教学观念偏离了高职人才培养目标的要求，因而并不能满足高职数学学科发展的要求，这种情况迫切需要得到改变。

　　高职教育的培养目标是培养专业应用型人才，适应这一培养目标的要求，高职教育的教学观念应该是通过教学提升学生的社会职业胜任力。数学作为高职教育的一门专业基础课，提升社会职业胜任力意味着要求学生更好地把数学知识应用于专业学习当中，为专业发展服务。也就是说，我们需要的高职数学教学观念应该是为专业服务的，并且具有明显应用性特点的教学观念，这种教学观念包含两个基本部分：掌握专业发展必需的数学知识以及学会如何应用这些知识。所以，这种教学观念的基本假设应该是学生只有掌握专业基础知识，并且掌握应用这些知识的基本理念和方法之后，才能真正具备运用数学知识进行思考和解决问题的能力。教学观念的转变带来的是教学内容和教学策略的一系列改变，作为高职数学教师，我们必须适应这一转变过程，并且把它切实落实和体现在自己的教学过程之中。首先，要从思想上充分重视数学应用的价值，改变以知识为本位的传统教学思想。其次，应该从提升学生职业胜任力的目标要求出发，选择与之有关的知识、技能、方法作为教学内容的重点。最后，要讲究教学的方式和方法，重视应用教学，增强学生的应用意识，提高他们的应用能力。新的教学观念着眼于提高学生的职业胜任力，对于数学学科而言，则更加注重其应用性，培养学生良好的数学应用意识和应用能力已经成为新的教学观念对高职数学教育有效性的基本要求。所以，改变或完善现有的教学观念，建立符合高职教育特点的新教学观念，对培养学生的数学应用意识十分重要，是首要之务。

　　树立全新的应用型高职数学教学观念。数学教师应该及时摒弃与高职教育不符的教学观念，努力探索把理论教学与实践教学结合起来的道路，树立"面向专业需求，融入建模思想，淡化严密形式，关注应用思维"的全新高职数学教学指导思想与教学观念。

　　面向专业需求就是强调数学教育要为专业服务。例如，教材内容的选择要以"必需、够用"为原则，选择能满足本专业发展要求的数学知识内容，还要结合专业最新发展动态适时调整，实现知识模块化和各模块知识间的优化整合。数学教学案例尽可能选择专业实例，凸显数学知识的实用性。融入建模思想，也就是要采取有效措施，把建模思想融入数学教学的全过程，让学生理解数学建模的意义及重要性，掌握数学建模的方法，提高他们运用数学模型解决实际问题的能力，增强他们的应用意识。淡化严密形式，就是要充分考虑学生的理解能力，尽可能地把数学知识和学生的实际生活联系起来，采用通俗易懂的教学语言和方法来讲授和演绎知识，加深学生对数学知识的理解和掌握。关注应用思维，就是关注高职学生运用数学概念、公式以及方法去解读和处理实际问题的意识和能力，重视理论联系实际的现实思维过程，而非抽象的智力提升。"面向专业需求，融入建模思想，淡化严密形式，关注应用思维"① 这一新的教学观念总结了高职数学教育的特点和核心要求，为传统教学模式向应用教学模式的转化提供了指导原则，因而从根本上说是科学的，值得我们在具体的教学实践中认真领悟和把握。

总之，教师是教学的引导者和组织者，教师的教学观念对学生的发展有着直接影响。教师必须顺应时代发展的要求，通过不断的学习和探索，提高自身的业务素质和应用能力，切实引导学生从实用的角度去真正地认识和理解数学知识。

二、构建具有职业教育特色的数学课程体系

（一）适应专业发展的要求

随着我国职业教育改革的逐步发展，当前存在的高职数学课程体系的弊端，如同质化严重、应用性不强以及和专业课程教学脱节等问题逐渐显现出来。现有数学课程体系已经无法满足高职数学发展的目标和要求，迫切需要进行改革。

高职数学课程改革应该体现时代和专业发展的要求，凸显应用性，强化对学生数学素质和能力的培养。高职数学课程在结构设置和内容选取上应该积极向自身专业靠拢，为专业服务。按照"情景设置、知识展现、实际应用"的模式编排教学过程，我们在教改的过程中体会到，教改的目的是解决好"方向""需求""服务"问题。课程建设则是改革的一个核心问题。

高职数学课程体系结构包括应用数学基础、选学部分，主要进行理论教学改革。还包括应用专题部分，主要开设计算机数学实验和建模教学，具体可分为以下几方面：

（1）基础型模块，主要内容包括函数、极限与连续及一元微积分等。这部分内容是高等数学中最基础的内容，包含一些基本的数学思想和常用的数学工具，是所有专业学生的必修课。针对这部分内容，一方面教师应该力求做到精讲细讲，把知识讲清楚讲透彻，使学生弄懂知识；另一方面要通过最基本的训练，使学生初步具备利用知识分析和解决问题的能力。

（2）选学型模块，这部分知识的主要特点体现在其专业性上，模块主要内容包括微分方程、多元函数微积分、线性代数以及概率统计等，具体内容的选择则需要结合专业特点进行认真研讨后才能确定。所有选学内容都要体现出知识与生活、与专业的紧密联系。这一模块知识的教学方式相对灵活，可以采用案例引导、问题情景设置的

① 闫丽娟. 谈中学数学教学模式的创新 [J]. 金色年华（下），2010(1)：36-38.

教学方式，也可以围绕某一数学应用问题，结合专业实践活动具体展开。教师通过知识教学，应该达到提高学生"用知识"的意识与能力的目的。

（3）应用专题型模块，这部分知识主要介绍最新的数学方法及数学工具，让学生对数学的发展趋势及数学工具的应用性有所了解。模块介绍的具体内容涉及先进的数学计算方法、应用性的数学软件和一些典型的数学模型。这一模块的知识凸显数学课程的应用性和工具性，针对这一特点，教师在进行教学时，可以多采用实验教学或建模教学的方式。通过实验教学可以帮助学生掌握数学软件（Mat-lab/Maple 等）和数学计算方法的使用，而建模教学则提高了学生综合运用数学知识的能力，培养了他们的应用意识。

（二）打破僵化的统一教材模式

高职数学是为专业服务的，所以高职数学的教材设计应该充分体现专业发展的要求，强调针对性和应用性。教材内容的选择可以是灵活的，应该打破那种僵化统一教材的模式，结合本专业、本学校的办学特色和办学优势编排校本教材。具体来讲，可以把高职数学课程内容划分为基础模块、应用模块和选修模块。其中，基础模块定位为"通识"课程，介绍必须为每个学生掌握的基础知识，体现高职数学教学的基本要求。主要内容有高数基础与 Math CAD 简介、函数的极限、一元函数微积分等，课程内容安排在第一和第二学期开设。应用模块的知识与专业发展密切相关，学生在进行这部分知识学习时，可以按照专业的要求把知识分解成若干个子模块，结合专业发展的不同选择不同模块的知识，这部分知识内容的学习安排在第三学期。选修模块则为数学实验，包含最新的数学理念和数学软件工具，让学生依据自身对数学的兴趣以及需要进行自主选择，体现"因材施教"的原则，以强化创新能力和培养及提高学生综合素质为目的。

（三）改革数学教学方法

数学应用意识的培养要以改革教学方法为突破口，通过对教学内容的科学加工、处理和再创造达到在应用中学、在学中应用的目的，让学生学习到数学的精神、思想和方法。数学教学不能抛开数学知识来谈应用，但应改变目前教学中只讲概念、定义、定理、公式、命题的纯形式化数学的现象，还原数学概念、定理命题产生、发展的全过程，体现数学思维活动的教学的思想。教学中，要尽可能由实例引出概念，引导学生注意概念的实际背景。应改变传统的教学方式，紧密联系生产、生活实际，以学生为中心，注重学生实际水平和职业岗位能力要求之间的衔接，创设职业情境，帮助学生纠正认识偏差，体验职业活动，活化数学教学。长期以来，数学教师惯用灌输手法，导致学生死板地接受和死记硬背抽象枯燥的数学公式、法则、定理，以致在运用这些知识解决生活中实际问题时无从下手，不能学以致用。教师必须改变原来的教学模式，以启发式、开放式、引导式的教学取代知识的灌输，积极为学生的自主探究创造情境。

在教学中，数学应用意识的培养应与学生的数学知识相结合，与教材内容相结合，与教学要求相符合，与教学进度相一致，应掌握好难度、深度、广度的程度。

在目前还不能普及数学实验和数学建模课程的情况下，在日常教学中要把数学实验和数学建模的思想渗透到教学中去，在教学的每一个环节中注意学生应用意识的培养。

（四）开设数学实验课

数学实验是学生直接参与课堂教学活动，获取感性认识的主要途径。数学实验是"做数学"的过程。在具体、形象的感知中，学生才能真正认识数学知识。数学教师要为学生创造动手操作的机会，让学生参与知识的形成与发展，通过动手、动脑的实践操作使学生感到数学就在身边。

在高等数学教学中增加数学实验教学环节，应充分利用现代化的教学手段，加强计算机信息技术向数学课程的渗透，将抽象、难以理解的概念和分析过程在计算机上以动态方式演示给学生，利用计算机进行求极限、求导数、求积分及画线面图形等，研究数学现象的本质特征、验证定理、探求新规则等，从而培养学生使用计算机解决数学问题的能力。通过数学实验不仅能给学生一种新的感觉，激发他们学习的兴趣，加深对所学知识的理解，而且使学生对数学发展的现状及应用有切身的体会。

数学实验课一般应随理论课一起开设，并保持和理论一致的进度。在每一具体的实验课开设前，必须明确该实验所要用到的数学软件，最好是比较经典、成熟的数学软件和预设的软件包。例如，高等数学的数学实验一般可选用 Matlab 或 Mathematic 软件。

课堂教学在教育中处于中心地位，应成为培养学生数学应用意识的主渠道。数学应用能力往往能体现学生的思维力、创造力和掌握的数学思想方法，唯有牢记于心的数学思想、数学方法才对学生终身受益。而数学的应用意识是学生自觉地应用数学的催化剂，能让学生面临有待解决的问题时，主动尝试从数学角度运用数学的思想方法寻找解决问题的策略，以及当学生接受一个数学知识时，能主动地探索这一新知识的实际应用价值。数学是高职课程的一门主要学科，其中蕴含生产、生活方面的丰富题材，如严谨的逻辑推理、丰富的数学思想以及广泛的应用。因此，如何真正地在课堂教学中发展学习的应用意识，是值得我们每一个数学教育工作者深入研究的。以下结合笔者在教学实践中的一些探索，谈谈发展学生数学应用意识的策略。

（1）用实际问题引入新课，激发学生对新知识的探究热情。心理学研究表明，当一个学生知道学习的具体意义时，就会产生强烈的学习愿望，推动他去积极、主动地学习。因此，依据教学内容设计恰当的实际问题，作为新课的开端，既能说明数学来源于生产、生活，又能迸发学生思维的火花，使他们整堂课都处于一种求知若渴的状态。

（2）构造问题的现实背景，使学生加深对抽象问题的认识与理解。数学结论往往是很抽象的。正因为如此，在多数学生心目中，数学是很难的，是不容易理解的。因此在教学过程中，要挖掘抽象结论与现实背景的联系，给学生提供分析、评价、解释某个数学结论的机会，这种用现实的背景来反映抽象的数学结论，比强化式的记忆、重复性的练习给人的智力和能力上的训练，效果要好得多。

（3）将抽象问题"实际化"，推导知识的发现过程。教材中绝大部分证明题都是以结论的形式直接给出，既掩盖了结论的发现过程，又无法体现证明思路的探索过程。若将这些抽象问题"实际化"让学生重新经历一次发现探索的过程，对培养学生的思维能力，特别是创造思维能力是十分有利的。

（4）注重教授方法，多举实例。数学的本质特征是高度的抽象性，如何将抽象的定理、公式形象化，使学生易于接受，这是大多数数学教育工作者努力的方向。由于所面对的学生是高职生，对于高等数学中理论性较强、实际运用却不多的内容，做了适当删减。在教学中不是固守书本的内容和顺序，而是组织好教学内容，安排好教学顺序，赋予抽象知识于生命力，让学生结合现实中的生活现象，掌握数学基础知识和更牢固地掌握数学方法，从而达到学以致用。

（五）开展数学实践活动

数学实践活动是数学课堂教学的延续和发展，是将数学与专业联系、改变学生数学学习方式的一个重要渠道，使课堂教学更加开放。在教学中，要让学生走出课堂，走进企业，走向社会。例如，结合课程内容，可以让学生了解企业的生产、经营、供销、成本、产值、利润及工程设计、立项、预算等情况，引导学生搜集实际背景材料，从中发现问题、提出问题，建立适当的数学模型，得到数学结果。在此基础上，让学生分析这些结果的实际意义，并检验这些结果是否符合实际，在与实际有出入的时候学会修正数学模型。

数学建模是一种数学实践活动、数学学习的一种新的方式，已是一种国际性的潮流和共识。如果说通过数学实验是"做数学"，那么数学建模就是学生"用数学"的过程。数学建模就是运用数学思想、方法和知识解决实际问题的过程，为学生提供了自主学习的空间，有助于学生体验数学在解决实际问题中的价值和作用，发现数学与日常生活和其他学科的联系，体验综合运用知识和方法解决实际问题的过程，增强应用意识。数学建模活动的开展有利于激发学生的兴趣，引导学生主动去解决问题，主动对知识进行建构，从而加深对数学基础知识、基本概念的理解和运用，提高数学应用能力，增强数学应用意识。

三、联系实际并强调数学应用教学

高职数学教学以突出应用为目的，以"必需、够用"为原则，强调培养学生的应用意识及应用能力。然而实现学生从"学数学"到"用数学"的转变并不是一件容易的事，需要高职教师在课堂教学的每一个环节加以引导，努力提高学生"用数学"的意识和能力。

（一）感受数学知识产生的实际背景并重视知识的形成过程

数学知识源自现实世界，很多抽象的数学概念和定理都有其实际背景。教师通过介绍知识产生的实际背景，可以拉近知识与实际生活的距离，使数学知识变得更加具体和生动，进而激发起学生学习和应用知识的兴趣。

对于个人来说，任何知识的获取都不是一蹴而就的，对知识的感悟和理解要有一个由浅入深的认识过程。所以，知识的学习不能只强调获取知识结论，而应该更多地重视知识的形成过程：从探索、思考到理解、掌握和应用。事实上，亲历知识的形成过程对学生来说可能更加重要。教师在课堂教学过程中应该尽可能还原知识产生的本来面貌，积极引导学生发现问题、揭示规律、形成方法。让学生从被动的知识接受者转变成知识形成的发现者和参与者，更利于激发他们学习的兴趣，提高他们应用知识的积极性和主动性。

实际上，教科书中的很多概念、定理和公式都是可以通过观察、猜想和推理的方式得到的，教师在讲解这些定理、公式时，要注意引导学生自主思考，探索形成过程，这不但有助于学生加深对知识的理解，也更容易激发起学生对数学知识的兴趣。

（二）创设适合教学的问题情境并引导学生自主探索知识

问题情境本质上是与教学问题相关联的生活化事件，在课堂教学中创设良好的教学问题情境不仅能够增强学生对数学知识的情感体验，激发他们的学习兴趣，也能加深他们对知识的体验、理解和掌握。问题情境往往是书本知识和实际生活联系的纽带，良好的问题情境能使学生更深刻地理解知识的应用，掌握知识应用的条件和方法，对于培养他们数学应用的习惯和提高他们数学应用的能力很有帮助。

同时，教师在借助问题情境进行课堂教学的过程中，一般会遵循"提出问题—联系知识分析问题—建立模型解决问题—应用与拓展"这样一种教学思路和模式，而这种教学模式又会对学生产生潜移默化的影响，引导他们在面对实际问题时，有意识地转化成数学问题来解决。因此，教师在情境化的课堂教学过程中，应该有意识地多培养学生分析问题、解决问题的能力，增强他们的应用意识及应用能力。

例如，针对等比数列中首项和公式的教学，可创设如下情境：一个球从 6 米高的高度掉到地上，每次掉落后又再弹起的高度为之前高度的 2/3，问：球从最初落下到最后停下总共的运动路程是多少？此次教学引用的是一个为学生所熟悉的普通情境问题，容易引起学生进行知识探索的兴趣，当学生在应用现有知识无法解决情境问题，出现"认知缺口"的时候，教师适时讲解公式的推导，能帮助学生更好地理解新知识。

良好的教学问题情境能把高职数学与生活实际及专业实际更好地联系起来，能引导学生自主探索知识，对于活化课堂教学、激发学习兴趣和培养应用意识都有良好的作用。

（三）体现和感悟数学的价值并提高学生应用数学的兴趣

数学源于生活，其魅力来自它的应用性。高职数学教学要做到让学生爱上学习数学，首先就要使学生领悟和感受到数学的价值。通过从现实中挖掘教学素材，把数学知识的原型展现在课堂教学中，能够使抽象的知识变得更加具体、生动和有趣，理论知识和应用实践的有效结合可以让学生感受到知识的"有用性"，从而提高他们学习数学和应用数学的兴趣。例如，在导数知识讲解过程中，可以利用"变化率"揭示导数概念。通过"气球膨胀率"和"高台跳水"两个实际问题的设置，可以让导数抽象的概念推导过程变得具体而生动。结合实际案例教学，教师还可以通过推演、拓展的方式进一步引导学生研究导数的几何意义、导数的应用及函数的单调性等知识。

开展数学实践活动可以作为数学应用教学的一种有益补充。通过开展活动、组织交流的方式，让学生亲历知识产生和应用的全过程，可以加深学生对知识的理解，让他们充分感受数学知识的魅力。比如，在进行完统计知识的理论教学之后，教师可以组织实践活动，让学生到市中心十字路口调查过往车辆的数量情况，并制成统计表；然后根据统计数据，展开激烈讨论，让他们切实感受到数学知识的重要性，教师也可以不失时机激励学生学好数学、用好数学。

课堂教学中还可以适当增加数学史的知识。传统的数学教材过分强调知识的逻辑结构，对知识产生的背景、形成和演化的历程重视不够。通过数学史的学习可以弥补这方面的不足，并增加数学的应用性和趣味性。我国有着悠久的数学发展历史，可以介绍的亮点很多，比如，刘徽的《九章算术》、祖冲之的圆周率、杨辉三角形等。

总之，在高职数学课堂教学过程中，教师要改变传统教学观念，加强应用教学，通过理论联系实际的方式让学生感受到数学知识对于实际生活的价值，从而提高他们在学习活动中的主动性。

（四）将数学实验融入教学实践培养学生应用意识

数学实验是一种新的教学方式和学习模式，指学生在获取数学知识或解决数学问题的过程中，借助于某种技术媒介如计算机，在特定的情境或实验条件下，应用观察发现、猜想验证等方式进行的数学探索活动。数学实验强调以问题为载体，以计算机为辅助手段和以学生为主体。

在数学实验课上，从观察、猜想、验证到掌握应用，学生亲身经历了知识发生、发展的全过程。由于知识是学生通过自主探索的方式获得的，他们能更加深刻地理解和应用知识，同时也能更有效地感受到应用数学与实践的乐趣，对培养他们的应用意识和实践能力都有很大帮助。

数学实验课的整个教学过程分为四个阶段。第一阶段是课前准备。在进行教学实验前，教师应该首先让学生了解实验的目的、内容，讲解相关知识，并对整个实验过程做一定的组织和安排。第二阶段是实验设计。针对实验问题，组织学生分组讨论，建立起数学模型，设计好一定的实施方案。第三阶段是实验实施。按照既定的实施方案进行上机操作，利用数学软件计算数值，解答应用问题。第四阶段是实验总结。对实验的过程和知识的运用进行总结，完成实验报告。

四、加强数学建模教学

（一）数学建模对培养高职学生数学应用意识的作用

数学建模是运用数学知识解决实际问题的一种模式，指从具体问题或现实原型出发，通过分析、抽象和概括的过程形成数学模型，然后利用数学模型求解问题并结合结论对实际问题进行解释和对应用方法进行改进的过程。从提出问题、分析问题、应用知识解决问题到修正完善建模方法，数学建模体现了解决问题的真实过程，体现了"学"与"用"的完美结合。

从以上分析可以看出来，数学建模是沟通数学理论知识和实际的桥梁。通过进行数学建模的方式，可以把数学理论知识和实际应用问题有机结合起来，由学生在自主探索、解决问题的过程中发现发展知识。数学建模离不开运用数学知识解决实际问题的推理和应用过程，这对培养学生的思维能力和发展他们的应用意识很有帮助。

另外，进行建模教学能让学生亲历知识产生、形成的全过程，加深学生对知识的情感体验，经过建立数学模型解决应用问题的过程，学生的学习兴趣得以激发，学习信心得以树立，这将成为学生进一步探索知识和应用知识的内驱力。

（二）数学建模方法融入高等数学教学中的实践探索

在高等数学教学中结合建模的方法，主要是帮助学生理解和掌握数学知识的内容、思想和方法，培养他们的创新精神和应用意识。数学建模方法如何融入教学过程，才能有效提高教学的质量？这需要把握几个原则：①建模教学是为课程知识服务的，不能因为一味追求建模的过程而忽视了知识本身。②要找准知识切入点，并不是所有知识都适合用建模教学方法，这就要求我们在使用建模教学前，先对教学内容做认真的分析。③针对具体的内容，采用不同形式的融入方式，例如，在进行概念讲解时，要结合知识背景；而进行定理证明时，则要结合具体的案例或图像。

高职数学教学强调应用性，数学建模教学方法由于其与实际的密切联系而成为高职数学教学的主要方式。为了把数学建模方法有效融入课堂教学，教师必须精心选择适合教学要求和学生特点的数学模型，妥当安排建模教学的过程。在介绍数学概念时，重视结合实际背景，加强学生对概念的理解。例如，在介绍定积分概念时，可以结合求曲边三角形面积和其变速行驶物体的速度讲解概念的几何背景和物理背景。在定理证明教学中融入数学建模方法，提高学生证明知识的能力。例如，在证明利用一阶导数符号判断函数单调性的定理的时候，可以借助二次函数图像，使得证明过程更加具体和易懂。在应用问题教学中运用数学建模方法，可以有效加强学生的应用能力。比如，在讲解概率应用知识的时候，可以结合经济统计图表的数学模型进行教学，让学生切实感受到知识的价值，增加学习兴趣。另外，教师还应该充分利用多媒体技术进行建模教学，利用多媒体建立数学模型，可以使教学内容更加具体生动，使教学过程更有效率。

（三）高职教学中引入建模活动的实施方案

（1）第一阶段（高职一年级阶段）：通过课本上应用题知识的教学，培养学生数学建模的意识，并教会他们进行简单建模的方法。

此阶段教学以培养学生建模意识作为第一任务，首先是让学生感受到数学知识的现实价值，并养成利用建模方法解决应用问题的习惯。其次，通过进行应用题教学的课堂演示和组织讨论，能让学生掌握简单的建模方法，初步具备建模能力。

（2）第二阶段（高职二年级阶段）：安排与教材内容有关的典型案例，落实典型案例教学目标，让学生初步掌握建模的常用方法。到了高职二年级阶段，学生所学知识逐渐增多，教师应结合教材内容精心挑选典型案例，有计划地让学生参与整个建模过程。

此阶段主要落实典型案例教学目标。教师借助于典型的教学案例，引导学生自主完成从联系问题建立数学模型到应用数学模型解决案例问题的全过程。学生完成了建模过程后，应该及时地归纳、总结和汇报。

（3）第三阶段（高职三年级阶段实施）：由于高职三年级不再开设数学课，在此阶段数学建模的学习主要以讲座和专题活动的形式开展。此阶段教学重点培养和提高学生的综合素质，以提高包含知识水平、思维能力、创新精神、应用意识在内的所有能力为基础目标。为此，在高职三年级阶段，师生应组成"共同体"，在活动时结合高职生的实际情况，以建模为核心，在老师的点拨指导下，以小组为单位开展建模活动。同时提高学生独立工作和相互合作的能力，小组成员最好是优、良、中、差均衡搭配，并轮流担任组长负责召集、记录和写报告，然后师生共同讨论评定并总结，教师重点在科学的思维方法上给予点拨和总结。在此阶段，教学课题可以由学生自己提供，并由他们结合具体问题建立数学模型，最终应用数学知识解决问题。

第七章 高职数学教育的应用研究

第一节 高职数学教学中微课的应用

微课（Microlecture）作为新兴的教学方法，通过计算机与多媒体的结合与利用，将数学知识有效地整合到一起，打破了数学教学上对时间和空间的限制。将其应用到高职数学教学中，使学生对数学知识的学习不仅局限于教师课上讲解这一种方式，还可以进一步提高学生的学习兴趣与积极性，从而提高数学教学的效率与质量。

一、微课的特点

（一）时间上具有简短性

"微课"的特点主要体现在"微"字上，首先微课的时间要短且精，要在最短的时间内将问题讲明白。可以通过举例、联想、类比等方式，将难点问题更加直观化、形象化地展现出来，并通过简单明了、学生乐于接受的语言将问题讲解清楚，避免因时间太长导致学生在视觉上产生疲劳，失去学习的兴趣。微课视频的时间要控制在 5~10 分钟，不可以超过 10 分钟，部分比较精练的视频时间要控制在 2~3 分钟。

（二）内容上具有精练性

微课在内容上要具有较强的精练性。由于在设置高数知识内容的时候，章节之间环环相扣，并且在内容上也具有较强的层次性与关联性，因此在制作微课的时候要对内容的层次性与关联性有充分考虑，要充分、全面、详细地对各个知识难点、重点、关键点进行讲解。并且在微课的讲解中，先对需要掌握的知识内容进行简单的讲述，然后直接讲解具体问题，这样能够节省大量的铺垫内容，做到有针对性地讲解问题，争取实现小内容大突破，在重点难点知识点上取得较大成果。

（三）效果上具有延展性

对于学生来说，可以有效满足其不同的需求，如对学生考试及格的需求有较好满足；对学生课前课后对重难点知识的预习与复习有较好满足；对学生新知识的探索有较好满足。

二、高职数学中微课的应用

（一）将新课的预习作为微课

高数教师在每节数学课讲解之前对微课进行制作，然后将其发布到学生可以下载以及查看的网站上，让学生对将要学习的知识进行预习，从而做好课前准备，在上课的时候可以快速地融入其中，并且在观看微课视频的时候要实时反馈自己不懂的地方，这样可以有效节省上课时间，并加强教师与学生、学生与学生之间的交流与沟通。教师在制作微课视频的时候可以将与知识内容相关的问题添加进去，让学生自己到图书馆或者是利用网络资源进行了解，最终与其他学生进行讨论得出结果，这样使学生的积极性与主动性在无形中得到增加，同时教师在对学生的疑问进行解答的时候也可以将学生的注意力充分地吸引过来，有效弥补传统教学模式存在的缺陷。

（二）将每节的重点、难点做成"微课"

高等数学内容较多，并且课堂时间有限，在课堂上学生很难对知识点进行消化，基于此，高数教师可以将重点知识、难点知识制作成精练的微课视频，学生可以在课余时间结合自己的实际情况对知识进行了解与学习，从而更好地掌握这些知识，并跟上教师的讲解进度，尤其要让上课不好好听课的学生在课下多次观看，做到因材施教，让学生在课下时间更好地研究课堂所学知识，使学生的数学学习积极性与主动性得到进一步提高。例如，极限计算、复合函数求导计算、积分计算等知识点的学习是学生在学习中普遍存在的难点与重点，教师可以将这些知识点做成微课，然后发布到校园网站、学生的微信群或 QQ 群，使学生随时随地都可以学习。

（三）将学生反馈的求解难题做成"微课"

教师可以对学生的学习情况定期进行总结，将学生在高数学习中存在的难点与疑惑收集起来，并制作成微课视频，通过这种调查的方法让学生感受到教师对其的关心，从而将学生对数学学习的积极性充分激发出来。教师按照调查结果对教学方法与方案进行有效调整，把学生存在的难点制作有关答疑的简练的视频，这样学生通过对视频的多次观看，更好地理解和熟练解题思路，进而对数学知识点更好地进行了解与掌握，真正学会举一反三。

（四）将课后的拓展做成"微课"

目前较多高职院校高数教师在教学的过程中还使用传统的教学方式，根据教材对课程内容进行编排，然后在课堂上讲解。而每个学生因具有不同的数学基础与学习能力，所以在学习的时候有的学生可以很好地理解，而有的学生则听不明白。因为有的学生对高数的学习仅仅是为了通过期末考试，所以对教师讲解的内容深入没有要求；有的学生则是为了专接本，希望教师加深讲解内容的深度，合理地增加关于接本的知识，例如，在大一上学期，高数知识仅仅讲到了定积分，而接本的学生则对二重积分、多元函数偏导数等知识进行学习，在这种情况下，教师可以将这些知识点制作成微课，使这部分学生在课余时间可以学习这些知识。

综上所述，在高职数学教学的过程中，将微课应用其中，能够将数学枯燥无味的缺点进行有效缓解。教师对微课视频进行科学合理的设计，并将其应用到教学当中，可以将学生的学习兴趣与学习积极性充分调动起来，进一步提高高职数学的教学质量与效率。

第二节　高职数学教育中反思性教学的应用

现阶段，在我国高职院校的数学教学中，经常使用反思性教学方法，该方法可以对现有的教学方式进行持续性的更新和完善，有效提升教学质量和效果，并促进教师和学生共同提高反思意识，有利于双方的共同进步。本节论述了反思性教学在我国高职数学教育中的意义，并通过问题分析针对实际情况提供了反思性教学的适用方法，为实际教学工作的开展提供了一定的理论依据。

反思性教学是将教学实践作为基础，从多角度、全方位对相关学科的教学活动进行观察剖析和评价，该教学方式设计了自我反省、理论学习、学生互动等多个方面，最大限度地揭示了教学实践中存在的问题。教师可以引导学生根据反思所得，利用现有资源寻找问题的解决办法，同时体现了学生的主体性以及自主参与等教学理念，有利于学生在解决问题时寻找自身的不足，关注到教育新理念的作用，实现教育理念与实践经验的融合。

一、反思性教学的意义

数学在高职院校的教学体系中属于一种实用性较强的基础学科，具备比较强的反思精神和逻辑性，有利于学生反思和批判精神的培养，反思性教学方式的应用有利于发挥数学的学科特征，发散学生的思维。高职数学的传统教育方式以知识的讲授和联系为主，缺乏反思教学的环节，阻碍了学生反思思维和问题解决能力的培养，因此高职院校应从问题创设、巩固复习、课堂总结等教学环节入手，建立起以反思为核心的高职数学教学体系。

二、高职数学教育中存在的问题

（一）学生畏惧数学学科

"填鸭式"等传统授课方式使得数学教学相对烦琐枯燥，再加上数学自身的抽象性，更加提升了数学教学的难度，导致某些专业基础相对薄弱的学生畏惧数学，严重挫伤了学生参与学习的积极性。此外，数学学科的学习具有一定的关联性，一旦学生在某个环节的学习出现落后，很容易拖累学科整体的学习进度，因此高职院校中普遍存在惧怕数学学习的现象。

（二）授课与教学脱节

许多高职院校教师接触高中数学教学的实际较少，缺乏对高中生数学实际学习情况的了解，只能对入学学生做出学习习惯不良、主动性差、成绩差等模糊性的初期评价，没有对引发问题的根源进行深入的探究。这就导致高职院校教师在实际教学工作的开展中难以实现因材施教，尽管教师投入了许多精力却难以取得成效。

（三）教学评价工作不完善

高职院校的教学重点主要是专业教学方面，学生面临的升学压力比较小，因此学校的管理工作也主要放在专业教学上。因此，高职的数学教学处于一个比较尴尬的位置，一般情况下对学生的教学要求仅是了解概念、学会代入公式，考试题目也一般较简单，以保证学生一定的通过率为目的。这导致教学目标难以实现，无法开展有效的教学评价工作。

三、反思性教学在高职数学教育中的应用方法

（一）加强教师的自我反思工作

自我反思是教师根据教学实践对数学教学的理念和过程进行反思，自我反思工作的开展要求教师具备充分自觉的反思意识。教师应针对高职课堂的数学教学设定合理的教学目标，并围绕教学目标设计出科学的教学方案，对方案具体细节进行认真分析，结合课堂教学的实际效果进行有针对性的推敲完善，实现教师授课与学生学习的有效结合，从而提升教学的效果。教师对教学细节的反思是提升自身教学水平和质量的重要途径，有利于教师吸取、积累教学经验，避免在教学中走弯路，激发教师投入课堂教学的积极性，有助于打造灵活有趣的课堂，促进师生双方的共同提升。

（二）加强教师之间的沟通交流

高职院校教师对自身的教学方式存在一种固有的认识，无法发现教学中存在的缺

点和优点，因此可以加强与其他教师的交流，通过其他教师的评价来客观地认识自身的教学方式，开始自身的反思。同事在教学工作中可以作为教师批判的镜子，显示出同事对其教学经历的看法，有利于教师发现自身教学工作中存在的一些细节问题，给教师提供丰富的情感要素，有助于建立符合自身特点的教学体系。此外，教师在与其他同事的相互协作中可以接触到更加多元化的课堂，获得一定的教学经验，促进对自身的反思。

（三）加强理论学习

反思意识的培养离不开系统性的理论学习，教师对教学内容的理解和掌握有利于创新性教学方式的建立和教学能力的增强。教师在教学实践中的困惑体现了教师对理论知识的理解浅薄，只有将教学实践中出现的问题在理论层面上进行细致的分析探究，才能找到问题的根源，进而掌握解决问题的办法。一个新的教学观点需要经历接受、评价、组织等循序渐进的过程，理论学习在当中发挥着相当关键的作用。

（四）倾听学生的意见

教师应加强与学生的交流，学生传递的信息有助于教师对自己形成正确的认识，学生传递的信息也可以为教师的教学设计提供完善的思路。教师在课堂中应主动创造与学生沟通的机会，在课下积极与学生互动，促进二者的共同进步。

总之，反思性教学的实施，有助于高职院校教师将教学经验以理论的形式指导今后教学工作的开展。其应用可增强教学的生动有趣性，提升学生的参与兴趣，优化教学方案，给学生带来更加科学合理的教学体验。高职院校应重视反思性教学的开展，这样才能实现教师与学生的共同提升，追求更高的教学目标。

第三节　高职数学教育中混合式学习的应用

互联网的迅速发展使得信息技术逐渐走进我们的生活与学习中，凭借着信息技术平台的应用，混合式学习在教学中得到了广泛应用。科学合理的混合式学习能够对高职数学的教学质量进行提高，启发学生的自我探索和创新能力，且能帮助学生更加深入地掌握与运用数学基础知识，不断锻炼和培养起数学思维。

高职数学是理工科大学生的一门基础必修课，在培养学生逻辑思维能力和分析处理问题能力等方面有其他课程所不可替代的作用，其教学效果的好坏直接影响到学生后继课程的学习。然而，大学数学的"枯燥、乏味"基本上是大多数工科学生所公认的。作为高等院校的数学教师，我们在发挥传统教学方法优势的同时，迫切需要进一步探索新的、行之有效的教学方法，来促进教学改革。混合式教学（Blending Learning 也称为混合式学习）是对"网络化学习"的超越与扩展，它就是要把传统教学方式的优势和网络化教学方式的优势结合起来，既要发挥教师引导、启发、监控教学过程的主导作用，又要充分体现学生作为学习过程主体的主动性、积极性与创造性。本节中我们探索在高职数学教学中如何实施混合式教学及建立与之对应的合理的教学评价机制。

一、混合式学习的含义

混合式学习也称为混合式教学，其是对"网络化学习"的超越与扩展，并且其是根据学习人员的实际情况，把传统教学方式的优势和当前网络化教学方式的优势进行有机结合，从而不仅发挥了教师引导、启发、监控教学过程中的主导作用，还激发了学生的主动性、创造性与积极性。高职院校的数学教学因其具有高度抽象性、严密逻辑性和广泛应用性的特点，造成数学知识不仅枯燥乏味，而且很难让学生对其进行深入了解，并且随着电子计算机的出现和应用，数学的应用领域更加宽阔，使得社会对数学知识人才的需求也越来越高。因此，将混合式学习应用于高职数学教学中，能够依靠教学资源的辅助作用，充分发挥学生的主观能动性，让学生充满自信与想法走入课堂，锻炼和培养学生的数学思维，使其能够灵活地掌握与运用数据基础知识，解决数学知识在课堂上无法深入开展以及抽象难懂的问题，不断促进教学质量的提升，从而为我国社会发展培养出综合性较强的数学专业人才。

二、针对混合式学习在高职数学教学中应用的保障措施

混合式学习在高职数学教学中的应用，虽然能够在一定程度上提高教师的教学水平，但其对教学资源的要求也逐渐升高，所以为了保证混合式学习的有效开展，可以采取下列措施进行改善：第一，对教师技术进行培训。在开展新型的教学模式前，教师首先要对混合式学习的具体特点进行深入了解与掌握，并且在投入教学实践前，学校可以聘请专业人员针对相关软件对教师进行操作培训，为实践混合式学习的开展提供技术保障。第二，建立信息交流的平台。在当今科技发达的社会形态下，智能终端设备与网络的有机结合可以提供更加便捷高效的沟通途径，所以教师可以通过建立相应的信息交流平台，来拉近学生与教师之间的交流距离，以便教学效率的提升。第三，开发配套资源库。由于教学素材在教学过程中占有十分重要的地位，而教师要激发学生的数学兴趣，就要在获取教材资料的同时使教材资料拥有生动有趣的特点，并且要适当运用形状、颜色、动画以及图片等效果来展现数学知识的生动性，从而为提升数学教学质量水平奠定基础。

三、混合式学习在高职院校数学教学中的应用

高职数学在培养学生逻辑思维能力和分析处理问题能力等方面有其他课程不可替代的作用，将混合式学习应用于高职院校数学教学中，不仅有利于学生系统地掌握高职数学基本知识与概念，而且有利于培养学生分析问题、解决问题的能力，所以教师要因地制宜地引导学生对高职数学知识的学习，不断调动其学习兴趣，提高其学习主动性与创造性。

（一）在概念课与复习课堂上的应用

在高职院校数学教学中，概念课与复习课是两种不同类型的课堂，其所需要的混合式学习也有所区别。其中，概念性课堂是让学生能够正确理解相应的数学内容，并且能够将数学知识合理地运用于实践生活中，从而完成学习任务。因此，为了帮助学生对数学知识点进行深入理解与合理运用，在混合式学习中可以围绕相关知识点来对开放题进行设计，以激发学生对问题的探索热情，不断提高其学习效果。复习课是让学生对知识点进行自我总结，为了激发学生的自主参与性，教师可以通过答疑讨论平台，让学生通过信息技术手段，把学习中出现的问题提出来，然后教师将问题进行集中研究，把重复问题在复习课堂上一一解答，个别问题及时通过答疑讨论平台与同学们一起交流，从而让学生通过教师对思路的引导、问题的解释，来掌握知识要点，不断提高自信，使整个教学的气氛更加融洽，让学生在学习道路上不断树立自信，提高成绩。

（二）混合式教学的实施

在"微积分"和"线性代数"教学过程中，我们采取以下三种混合模式：

（1）教学资源的混合：传统的"微积分"和"线性代数"的教学模式大多是以教师为主的"黑板＋粉笔"的模式，而随着多媒体设备的普及，有时候也采用电子教案的多媒体授课。目前我们把两者结合起来，在采用多媒体授课方式的同时不忘"黑板"和"粉笔"。整体知识结构框架，重难点知识用电子教案事先做好，用多媒体来演示，对定理的推导过程则采用粉笔板书的方式在黑板上演示。教师不再是单一的电脑操作员，也不再是一味板书，而是多种教学模式综合的引领者。例如，在计算二重积分、三重积分时，直观、形象地理解积分区域是难点内容，教师可以用数学软件画出立体图形，在多媒体上演示，这样不但方便快捷、图形准确，更便于学生理解接受。在讲解定理的证明时，教师还要借助于"黑板"和"粉笔"，这样不但发挥了传统教学的优势，也体现了数学学科注重逻辑性、过程性的特点。教学过程中，适当采用一些音频、视频资料。采用电子教案省去了大部分板演的时间，提高了我们的教学效率。

（2）学习方式的混合：学习方式的混合主要是课堂学习和网络在线学习的混合。在备课过程中搜索网络上相关的优质教学资源，在讲课过程中指导学生共享资源，同时顺势引导学生自觉查阅网络资源，主动、有目的地利用课后时间在线网络学习。对某一班级或同学时同教材的某些班级，通过 BBS 创建学习论坛，创建班级在线聊天室，这样便于学生可以在线提问，教师可以在线答疑。通过网络讨论交流，激发学生的学习兴趣。

（3）学习环境的混合：这两门课程的学习环境主要是多媒体教室，除此之外，还可以利用机房。抽出少量上课时间向学生介绍常用数学软件，如 Mathematica，Matlab 等。利用机房学习环境，让学生自己用 Mathematica 演示微积分基本定理，验证牛顿 - 莱布尼茨公式，演示函数多项式逼近过程，演示周期函数的傅立时级数展开等，利用 Matlab 计算矩阵的特征值特征向量等。通过上机实践，应用数学软件，设计一些实验方案，让学生在实验、探索和发现中学习理解数学概念、数学原理，学生的学习兴趣会大大提高，晦涩难懂的概念定理也会较容易地掌握。

总而言之，混合式教学对培养学生自主学习能力、探索精神、信息素养水平以及优化教学质量有着极大的促进作用。所以，教师在高职数学教学中开展混合式学习模式，不仅能够发挥教师的主导作用和学生的主体作用，还能够充分调动学生的学习积极性，不断提高教学效率，从而促进高职数学教学的高层次发展。

第四节　高职数学教学中的情感教育应用

情感是人对客观事物是否满足自己的需求而产生的态度体验，数学情感是学生对应用数学这门课程的感情，是在数学学习过程中产生的一种稳定、深刻而持久的内心体验，也就是学生学习数学的兴趣、动机、意志和自信心。长期以来，高职院校应用数学课程教学普遍存在重知识、轻情感的现象，只注重培养学生的数学应用能力，为学生学习专业课服务，而忽视学生在学习过程中表现出来的动机、兴趣、意志等非智力因素，导致部分学生对应用数学缺少学习动力，缺乏学习热情，逐渐演变为厌学心理。实践表明，情感是成功教学的第一要素，培养学生的数学情感是提高应用数学教学效果的重要法宝。因此，高职教师应该重视应用数学教学中的情感教育，使相对枯燥的应用数学课程变得生动有趣，激发学生对应用数学的学习兴趣，提高课堂教学质量，健全学生的人格。

一、建立融洽和谐的师生关系，积极进行情感交流

"亲其师"，才能"信其道"。建立融洽和谐的关系是情感教育的前提，教师和学生之间是否建立了良好的师生关系，直接影响到课堂教学的正常进行，影响到学生的学习态度和学习效果。部分高职院校的学生存在学习畏难情绪，自卑心理较严重，失落感较明显，普遍缺乏学习自信心。根据高职学生普遍存在的心理特征，教师应从以下几方面入手建立和谐融洽的师生关系：

（一）要有关爱之心

教师的关爱对学生来说是一种温暖，恰似春雨滋润学生的心田，是建立和谐师生关系的纽带。教师要放下自身架子，以朋友的身份与学生平等交流，倾听学生的心声，了解学生的内心世界，善于发现学生的优点。要像对自己的孩子一样去爱学生，尊重学生，相信学生，在学习和生活方面主动帮助学生解决遇到的问题。苏霍姆林斯基说过："要成为孩子的真正教育者，就要把自己的心奉献给他们。只有对学生倾注了感情，才能获得学生的信任和尊重。"[1] 当教育注重体验和心灵的息息相通时，教育者和受教育者就能成为朋友，就能消除彼此的隔阂。

（二）善于赞美学生

渴望得到别人的肯定和表扬，这是每个人都有的心理需求，学生更是如此。部分高职学生有着学习畏难情绪，学业上的自卑心理较严重，更需要教师的鼓励和赞美。有的学生，因为被赞赏、被寄予厚望，于是充满自信，积极进步，成绩提高快；有的学生，因为努力和进步得不到充分赞赏和肯定，于是自信心减弱，成长受到影响。为此，教师要善于发现学生身上的闪光点，并适时赞美，使学生看到成绩，看到光明，增强学生的自信心。

（三）用豁达的胸襟宽容学生

人非圣贤，孰能无过。学生在成长的过程中难免会出现这样那样的过错，教师要设身处地地为学生想一想，理解学生，相信学生，并以自己的言行影响学生不良观念和行为的转变。教师应在思想上保持一定的高度，不能纠缠于学生某句难听的话和某种不良行为，而要以宽容之心允许他们犯一些错误，并帮助他们改正错误。

当然，教育学生还要掌握一定的方法和技巧。当学生在某些方面犯了错误，教师不要先批评其错误，而应该首先肯定他们平时的良好表现和其他方面的优点。然后针对具体事情给学生分析利弊，让其认识到问题的实质，并从各方面因势利导。这样学生会认为老师并不是有意刁难，老师是对事不对人，从而认真接受老师的批评教育，主动改正缺点。

---

① 孙孔懿.苏霍姆林斯基评传[M].北京：人民教育出版社，2018.

二、注重知识性与趣味性相结合，激发学生学习兴趣

应用数学是一门利用数学方法解决实际问题的学科，部分教师在教学过程中采用传统的灌输式教学模式，难以激发高职学生的学习兴趣。很多学生的应用数学成绩较低，甚至有部分学生出现挂科现象。因此，教师在教学过程中不能只注重认知过程，还要考虑情感教育，将知识性与趣味性相结合，激发学生学习数学的兴趣。

（一）融入数学史

在高职院校应用数学课程教学中，教师可以结合相关的数学史，将数学史与教学内容相结合，通过数学史创设情境，激发学生的学习兴趣。例如，在教学"坐标系"时，可以给学生介绍笛卡儿。笛卡儿被称为"现代哲学之父"，他于1637年提出"坐标系"的概念，因将几何坐标体系公式化被称为"解析几何之父"。向学生讲述笛卡儿在何种情况下为数学发展做出的贡献，可以吸引学生的注意力，更有鼓励学生知难而进的效果。又如，在讲解"集合"知识时，可以向学生介绍"集合论之父"康托尔，同时还可以介绍"集合"中的悖论，如引入"乡村理发师悖论"，激发学生对集合知识的兴趣，开阔学生眼界，使学生对应用数学课程产生浓厚兴趣，推动学生积极学习进程。

（二）引入案例教学法

案例教学法是一种以案例为基础的教学法，生动具体，能够调动学生的学习主动性。在教学过程中，教师可以以案例为基本的教学材料，设计相应的教学情境，加强师生情感交流，提高学生分析问题、解决问题的能力。例如，在教学"极限"概念时，可以引入庄周所著的《庄子·天下篇》中的一句话"一尺之棰，日取其半，万世不竭"。也就是说，一根长为一尺的木棒，每天截去它的一半，永远也截不完。教师通过介绍我国古代哲学家庄周，可以激发学生的民族自尊心和爱国主义情感，并使学生对数列极限知识有一个形象化的了解，为学习新知识做好准备。又如，在教学"导数的应用"时，可以通过"选址最佳""用料最省""流量最大""效率最高"等生活中的实例，让学生感受到可以用数学方法解决现实生活、专业领域中的很多问题，使学生对数学产生浓厚兴趣。

（三）运用数学建模方法

数学建模就是根据实际问题来建立数学模型，对数学模型进行求解，然后根据结果去解决实际问题。例如，在讲授"定积分的应用"时，教师可以利用PPT展示赵州桥图片，让学生思考赵州桥的拱形的面积怎样计算。然后播放PPT，利用Matlab软件演示微元法的解题思路，引导学生通过建立直角坐标系，从赵州桥案例中抽象出数学模型。通过实物模型或图片，引导学生应用微元法解决实际问题。在整个教学过程中，

要让学生展示思路和解题过程，培养学生的语言表达能力。这样既让学生掌握了微元法，又让学生体验到计算机应用技术的重要价值，体验到数学的魅力，激发对应用数学的学习兴趣。

（四）充分挖掘教材中的情感因素

要提高课堂教学效果，教师除了注重情感投入，积极调动学生的情感之外，还要充分利用教材，挖掘教材中的情感因素。例如，在讲"导数的运算法则"时，如果直接给出运算法则，学生很难记住，易使学生厌烦，产生畏难心理，达不到预期的教学效果。如果结合教材内容指导学生巧用口诀"前导后不导加上后导前不导"求解题目，则学生能够很快熟记口诀，并灵活运用口诀求解相关的题目，体会到学习的快乐，获得成功感，平复畏难情绪，增强自信心。

总之，在高职院校应用数学教学中，教师要做一个有心人，时时关注学生情感的培养。要注重建立融洽和谐的师生关系，积极进行情感交流；注重知识性与趣味性相结合，激发学生学习兴趣。要通过充分调动学生的情感，让学生在主动、愉悦的体验中学习数学知识，以此提高学生对应用数学的学习积极性，促进教学效率的提升。

第五节　心理学在高职数学教育中的应用

在高职的各项教育学科中，高职数学是一门较为复杂和有一定难度的学科，许多学生对数学存在着恐惧心理。枯燥乏味的课本书面知识使学生昏昏欲睡，繁杂而又难以具备的数学思维让许多学生对学好数学不抱希望。如何让学生对这门学科产生浓厚的兴趣并且能够独立自主地去学习，就需要教育者有一些独特的教育方法。为了解决这些问题，我们提出了心理学在高职数学教育的应用议题。

一、心理学在高职数学教育中的应用

心理学在高职教学中的应用是非常广泛并且有效果的，时刻抓住高职学生的心理特点，针对出现的问题及时进行解决，能确保教学质量。心理学在数学学科的教育中也是不可或缺的。心理学与数学学科的结合是一种新型的教学方法。两种学科的结合能使教师从情感的角度去分析数学，并且用独特的方法去传授教学内容。教育者在教学的过程中，应该主动寻找有效的教学方法来解决数学的繁杂枯燥等问题。教育者将心理学的知识运用到数学上，分析受教育者的心理状态，让学生在受教育也就是学习数学时体会到一种愉悦，而不是一味地死记硬背。

（一）引导性的心理，启发式的教学

启发式教学在任何教学阶段都应该放在首位。人的认知影响着人对事物的看法和想法，不论是中学生还是大学生，对学习都有一定的认知。在数学学习过程中，良好的认知会使学生产生正确的学习倾向。比如，教师在上课前可以以一则关于数学的小幽默来调动课堂的氛围，启发学生在数学课上思考。毕竟高职院校不同于小学初中的小班教学那样，学生精力不集中，教师可以给予批评使之纠正，高职院校是不能这样的。大学的课堂较为散漫，如果讲授的课程太过无聊，学生便会产生对此课程的乏味感，渐渐便发展成厌恶。数学是一门有着极强逻辑的学科。高职学生基本是成人，具有一定的独立学习的能力。教师只要在课堂上稍加有效的启发，就能使学生快速地进入思考学习的状态。

（二）利用信息技术与课程整合，进行感官刺激

课程整合，不只是片面地进行多媒体授课，而是通过一定的手段、特别的教学方法、多样的教学特点来激起学生对学科的热爱。同时，在信息爆炸的时代，学生要学会通过各种途径、各种方式来了解并掌握自己想要学习的知识。独立学习也是整合课程中一个很重要的目的，但是更重要的是培养高职学生对数学的兴趣。只有对数学产生兴趣，才能让学习潜能无限地爆发出来。教师制作一些动态或者有趣的课件，在上课过程中积极地调动学生的感觉，让学生产生一种原来学习数学是这么有趣的思想。运用多媒体的多种信息，让学生不仅学习数学知识还要了解这门学科，从而让学生对数学产生兴趣，保持听课上课的积极性。教师也可以在教学中运用数学联系到实际的事例，激发学生学习数学的动机。

（三）增设多样化教学，激发学习动机

太过单一的教学形式以及教学方法会让学生产生一种疲惫感，比如，视觉疲劳。学生从小学到大学，学习一直是作为首要的任务，可能早已对按部就班的形式化教育产生了免疫。多样化的教学已经成为教育中刻不容缓的改革事项之一。高职学生大部分都是已经成年的青年，对于社会、学习都有自己的想法，有一种自我认知的心理。对于数学学习的动机已经不再是对更广阔知识的追求，更多的是看重一些实际的应用。这就使数学教学产生了一定的困难，教师需要运用多样的教学方法，从另外一种角度来激发学生的学习动机。比如，想办法让高职学生提高自身的学习水平，去挑战、去探索难题，以此作为学习的动力。当学生把解题成功当作一种心理满足时便会对数学产生较大的兴趣。

（四）运用情景教学，满足学生的心理需求

以人为本在学校教育中也是尤为重要的，教师要始终站在学生的立场上进行换位思考。以学生为中心，将学生作为教育的出发点和落脚点。努力去满足学生的需求，

要考虑全面，了解学生想要如何去学好数学，如何对这门学科产生兴趣。站在学生的立场，去精心地编排课件，去用心构思教学方式。运用情景教学，可以让学生自己准备课件或者数学课题，上台来讲述自己的数学观点和自己良好的学习方法，使学生参与到教学中去，作为学习主体的存在。只有参与其中，才能激起对高职数学的兴趣，满足学生的心理需求，从而克服一些学生对数学的恐惧，让他们对数学学习产生极强的自信心，体会到学习数学的乐趣。

（五）面向全体学生营造公平化的数学课堂教育

课堂的公平性原则尤为重要，不仅是对学生的公平，也是一个好的教育者素质的体现。公平的教学方法、合理的教学形式，能给学生带来一个良好的课程印象。让每一位学生在数学课堂中都能感受到被重视的感觉，从心理上让学生接受比较复杂且枯燥的学科。其次，教师若能本着公正公平的原则对待每一位学生，会增加教师的亲和力。学生喜欢一个老师，必然会对那位教师所教的课程产生兴趣。这就是所谓的爱屋及乌的道理。不仅如此，师生之间良好的关系，可以营造一个良好的学习环境，也可以让学生的心理向着健康、积极的方向发展。在数学课程教学中，不能一味地让学生追求最终考核成绩的高低，而是使学生真正明白到学习数学是为了提高自己的学习素养，也是对更高知识层面追求的表现，深化中小学表层的数学知识。

（六）高职数学教学中教师要尊重学生的人格

人格，包括学生的自尊、个性，等等。高职数学教学中，教师必须以尊重学生的人格为前提条件。教师是学生的带路人，要做到为人师表的原则。高职学生在课堂上若有不当举动，教师不应该直接当面训斥或者是侮辱，应当用合理的方法，以教育为主。比如，要做到既能维护学生的自尊，又能从侧面给学生的思想产生影响。特别是在课堂上回答问题，学生若答不出来，教师要表示尊重并适当给予鼓励。毕竟，高职学生的心理生理都基本成熟。教师若不以身作则，辱骂学生，会使学生自尊心受损，对数学没有了信心。那么，枯燥的数学便会被束之高阁。良好的教育环境、公平的教学形式、尊重的教学方法，让高职学生不再惧怕数学，不再讨厌数学。

二、高职学生数学学习心理问题形成的原因

（一）缺少学习的兴趣和动机

高职教育主要是面向职业性教育，是对需求性社会人才的教育。高职学生为了以后在社会上能够更好地生存，在毕业前都会掌握一门专业的技能。数学这门课程相对于其他的课程由于没有太强的应用性，因而，学生便会忽略数学的学习。另外，数学是一门较难的学科，极强的逻辑思维和繁杂的公式定理让学生苦不堪言，让学生产生

宁愿学习其他简单而实用知识的心理。这就导致了学生在数学的学习上几乎完全没有兴趣的现象。

（二）没有正确的调节方法和缺乏学习诱因

数学学习也是灵活多变的，我们常常听说举一反三这个成语，但是却极少有人能够做到。通常死记知识不仅不能提高学生对数学的兴趣，相反，每况愈下的学习成绩还会给学生造成更大的打击。若学生不能正确调节自己失败的情绪，会在今后的数学学习中造成心理问题，恐惧就是之一。

（三）家庭因素对高职学生学习数学的影响

如今的孩子，在家都是沿用"皇上"的生活方式。过惯了毫无压力、毫无委屈的幸福生活，难以具备克服困难的能力，也难以树立坚定的学习意志，甚至连学习的思维能力也被限定了。在数学学习中碰到困难，不会主动去思考解决，而是一味地放弃面对。

来自家庭的压力。贫困家庭的孩子有极强的自制力和学习能力，但是心理负担却是非常重的。家长看重的是成绩、奖学金，而不考虑孩子自身真正的学习能力，特别是对于数学学科的学习。这就很容易让学生产生一些对数学的抵触心理，甚至放弃对数学的学习。

（四）高职学校对数学教学改革不彻底

学校只是看重成绩和教学效果，没有做到以学生为本，一切从学生的实际出发。选定的部分教师没有独特创新的教学方法，也没有强烈的责任心。这很容易将数学教育带向失败的深渊。因此，学校要尽职尽责，一切以学生的利益为出发点。

三、解决高职学生数学学习的心理问题

（一）适当加强学生学习数学的动机

学习数学，对于提高学生的逻辑思维能力有巨大的作用。学习数学能培养他们独自解决问题的能力，另外，也有利于提高自身的知识修养。教师应该全方位、多角度地让学生了解到学习数学的好处，使得学生对数学学习产生极其强烈的学习动机，从而学好数学。在产生学习动机的过程中，诱因又是必不可少的。教师可以让学生努力学习数学，进而参加一些校级、市级，甚至是省级的数学竞赛，诱导学生去主动学习。

（二）注重数学教学方式

"师者，所以传道、授业、解惑也。"教师若是工程师，那么学生便是一座桥。怎样建造，就要看工程师的设计。教师若能创造出一套好的学习方法，学生加以借鉴，让学习数学变得更加容易，那么感兴趣的人自然就多了。提高数学教学的艺术性。数

学本身就是一门艺术，包含哲学的思维。将数学作为一门艺术，让学生在学习中陶冶自己的情操，增加对数学学习的热情。

（三）家庭应对子女的数学学习给予鼓励

中国家庭的孩子大多数不是过于被溺爱，就是过于被严苛对待。特别是即将步入社会的职业院校学生，他们对于学习和工作，相比之下，考虑后者多于考虑前者。因此，家长不应该再像中学似的以过于严格的方式要求学生考个好成绩。数学难，但是并不是不可攻克。家长应该适当给孩子一些鼓励，不应该给孩子在数学学习中过多压力。

人的心理复杂多变，思想迥异，但是学生在学习数学方面的心理大致是相同的。因而，将心理学应用在高职数学教学中，能够给数学教学带来巨大的改变。综上所述，可以看出学生对数学的不喜爱、对数学的恐惧都有一定的原因，或大或小都存在着外界因素的影响。当然，自身的因素也是有的。学生对数学的抵触心理以及家庭、学校因素等都会影响高职教学中的数学教学。教育者可以将心理学应用在数学教学中，各高职院校可以从多方面进行教学改革，将教育与心理、学科与兴趣、学生与教师相融合……这样，才能产生良好的高职数学教育效果。

第六节　数学文化在高职学生素质教育中的应用

素质教育侧重对学生各方面素质以及能力的培养，能够帮助高职院校培养出适应当今社会发展的人才，促进社会的进步。在此过程中，高职院校可以利用数学文化，来提高学生的综合能力、素质，从而提升高职院校的教育水平，为学生未来的发展打下坚实的基础。

一、数学文化在高职院校学生素质教育中的应用优势

就目前来看，数学文化在高职院校学生素质教育中应用的优势主要体现在以下几方面：第一，培养学生的逻辑思维能力。数学作为一种文化现象，包含思想、精神、方法等各方面的内容，具有极强的逻辑性和缜密性。高职院校通过向学生渗透数学文化，能够为学生创造一种逻辑性强的思维氛围，从而锻炼学生的思维能力。第二，增强学生解决问题的能力。数学文化能够完善学生的直觉思维框架，促进学生形成高效推演问题的思维习惯，全面提升学生的思维能力水平。第三，培养学生的人文情怀。在素质教育中，数学文化包含美学、历史、人物等人文方面的内容，能够增加学生的知识积累，提高高职学生的人文素质。

二、数学文化在高职院校学生素质教育中的应用

（一）在启发学生直觉思维方面的应用

在高职素质教育中，数学文化包含数学方法、观点等方面的内容及其演化发展的过程。随着数学文化知识的不断深入积累，数学文化会在学生的思维中逐渐构建出一种规律性、间接性、统一性的框架。在解决问题时，学生能够直接利用数学思维框架，来高效完成对问题的推演，从而形成直觉性的逻辑性思考方式，增强学生解决问题的能力。例如，在函数与极限的高数教学中，教师可以通过对函数的推演来向学生讲解函数特性、对应法则等内容。在此过程中，教师要注重引导学生的思路，帮助学生构建思维框架，从而在课程讲解中结合数学文化，然后再利用例题清晰化学生的思路，启发学生的直觉思维，实现素质教育，因此高职院校能够借助数学文化来提升学生的综合素质能力水平。

（二）在培养学生人文素质方面的应用

数学文化中涵盖着人文方面的内容，学生通过在高职素质教育中积累数学人文知识能够提高自身的人文素质，提升自身在精神、文化层面的高度。在素质教育中，高职教育工作者可以利用数学人文方面的知识，来创设情境，吸引学生的注意力，在促进学生人文知识积累的同时，提高新课程引入的效果。例如，在教学数列的概念时，教师可以先以讲故事的形式为学生讲述数列的发现和演变历史，引入情境，激发学生的求知欲，然后开始讲解课程内容，并在讲解过程中渗透数学文化中统一性、有序性的数学美学，进一步让学生感受到数学的内在美，培养学生的人文情怀，从而实现素质教育。因此高职教育工作者利用数学文化能够增强学生的人文素质，促进学生的全面发展。

（三）在增强学生创新能力方面的应用

通常情况下，创新行为需要科学素质作为基础，而科学素质的核心因素就是数学文化。科学素养的培养作为素质教育的目标之一，高职院校教育工作者可以利用数学文化，来进一步提高学生的创新能力，从而满足当今社会对创新型人才的需求。在增强学生创新能力方面，教育工作者要注意在日常教学中找好切入点，随机融合数学文化，为学生营造一个良好的数学文化氛围，将数学文化塑造成一个有力的辅助工具，促进学生对数学知识的掌握，进一步丰富学生的知识体系。在此过程中，教师一定要注意按照知识学习的规律，由浅入深地对学生进行数学文化的渗透，帮助学生夯实扎实的数学知识基础，为学生的创新行为提供丰富的理论知识依据，优化高职院校素质教育的效果。

（四）在锻炼学生数学思维能力方面的应用

数学文化中所包含的思想、方法、观点等具有非常强的理性思维。因此数学思维中存在许多理性因素，其中涵盖系统化、理论化的逻辑思维，同时也包括各种学说、观点等抽象内容在人脑中的概念。人们通常会利用逻辑思维将学说、观点、理论等方面的知识串联起来，形成一种数学思维。在素质教育中，数学思维的培养是增强学生综合能力的重要因素，它能够增强学生解决各类实际问题的能力。在此过程中，高职教育工作者可以围绕数学文化，来为学生设计解题训练，利用引导启发的教学方式，锻炼学生的数学思维，提高学生解决问题的能力，比如，教育工作者可以以锻炼学生的分解、组合、关联等思维方式为主，来设计练习题，培养学生的数学思维能力，增强素质教育效果。

综上所述，数学文化在高职院校学生素质教育中的应用能够提升学生的综合素质水平。在高校素质教育中，借助数学文化，教育工作者可以帮助学生构建思维框架、促进学生人文知识的积累、夯实学生的数学知识基础、锻炼学生解决问题的能力，从而进一步优化学生的能力水平，促进学生未来的良性发展。

参考文献

[1] 刘洪一. 文化育人与技能型人才培养 [M]. 北京：商务印书馆，2014.

[2]G. 波利亚. 如何解题 [M]. 北京：科学技术出版社，2001.

[3] 教育部. 普通数学课程标准 [M]. 北京：人民教育出版社，2018.

[4]M. 克莱因. 古今数学思想 [M]. 上海：上海科技出版社，1988.

[5] 光峰. 高等数学简明教程 [M]. 北京：北京邮电大学出版社，2016.

[6] 王树禾. 数学思想史 [M]. 北京：国防工业出版社，2003.

[7] 李顺德. 价值大辞典"价值取向条目" [M]. 北京：中国人民大学出版社，1995.

[8] 张奠宙. 数学素质教育设计 [M[. 江苏：江苏教育出版社，1996.

[9] 杜威. 民主主义与教育 [M]. 北京：人民教育出版社，1990.

[10] 蒲和平，黄廷祝，千泰彬，等. 高等数学课程教学中探究式教学的研究与实践 [J]. 大学数学，2013，29（3）：147-150.

[11] 肖静波. 高职高等数学教学方法的思考与应用 [J]. 技术与教育，2014，18（02）：123-124.

[12] 霍文奇，李霞，朱长风. 行动者网络理论视角下高校"双一流"建设的外部支撑研究 [J]. 教育与教学研究，2018，32（05）：23-28.

[13] 常晶，刘羽，刘丽环. 数学史在高等数学课堂教学中的作用和意义 [J]. 传播力研究，2018，2（24）：178-179.

[14] 孟梦，李铁安. "问题化"：数学"史学形态"转化为"教育形态"的实践路径 [J]. 数学教育学报，2018，27（3）：72-75.

[15] 王海青. 数学史视角下"数系的扩充和复数的概念"的教学思考 [J]. 数学通报，2017，56（4）：15-19.

[16] 江楠，吴立宝. 积累数学基本活动经验的"五步"教学模式 [J]. 内江师范学院学报，2018，33（6）：40-45.

[17] 王富英，吴立宝，黄祥勇. 数学定理发现学习的类型分析 [J]. 数学通报，2018，57（10）：14-17.

[18] 赵飞. 新时代创新研究生思想政治教育工作的思考 [J]. 吉林化工学院学报，2018，35（8）：1-3.

[19] 赵婵娟，李海涛.新媒体背景下高校思政课"课内外一体化"体验式教学模式的构建 [J]. 吉林化工学院学报，2018，35(8)：45-49.

[20] 杨伟传.浅谈如何发挥高职高等数学的教育功能 [J]. 才智，2014，123(13)：240-241.

[21] 苏鸿雁.高等数学教育中的分层次教学：以高等数学课堂的实践教学为例 [J]. 曲阜师范大学学报（自然科学版），2015，1(1)：62-65.

[22] 李小娥.高等数学教育创新模式的实践与探索 [J]. 天津商务职业学院学报，2014，2(4)：47-49.

[23] 岳欣云，董宏建.数学教育"生活化"还是"数学化"：基于数学教育哲学的思考 [J]. 教育学报，2017，13(3)：41-47.

[24] 史宁中，林玉慈，陶剑，等.关于数学教育中的数学核心素养：史宁中教授访谈之七 [J]. 课程·教材·教法，2017，37(4)：8-14.

[25] 黄瑾.优化学前数学教育的思考：幼儿教师数学学科教学知识（PM-PCK）评估 [J]. 全球教育展望，2013，42(7)：73-77，128.

[26] 张维忠，孙庆括.我国数学文化与数学教育研究 30 年的回顾与反思 [J]. 当代教育与文化，2011，3(6)：41-48.

[27] 苏傲雪，孙晓天，安洋洋.近 30 年我国少数民族数学教育研究的现状与展望：基于对文献梳理的分析与思考 [J]. 民族教育研究，2015，26(2)：68-74.